Printed by Libri Plureos GmbH in Hamburg, Germany

9 781649 291165

تعلم

Eureka Math®

الصف 1
الوحدة 6

Great Minds PBC is the creator of Eureka Math®
Wit & Wisdom®, Alexandria Plan™, and PhD Science™

Published by Great Minds PBC. greatminds.org

Copyright © 2020 Great Minds PBC. All rights reserved. No part of this work may be reproduced or used in any form or by any means—graphic, electronic, or mechanical, including photocopying or information storage and retrieval systems—without written permission from the copyright holder

ISBN 978-1-64929-116-5

20 21 22 23 24 25 CCD 10 9 8 7 6 5 4 3 2 1

Printed in the USA

تعلم ♦ تمرن ♦ انجح

تتوفر مواد طلاب يوريكا الرياضيات® لقصة الوحدات® (من الروضة إلى الخامسة) في ثلاثية تعلم، مارس، انجح.
تدعم هذه السلسلة التمايز والمعالجة مع الاحتفاظ بمواد الطلاب منظمة ويمكن الوصول إليها. سيجد *المعلمون أن سلسلة كتب تعلم وتمرن وانجح تقدم أيضًا* موارد متماسكة - *وبالتالي أكثر فعالية - للاستجابة للتدخل (RTI)، وتدريبات إضافية وتعلم صيفي.*

تعلم

تُعد مادة تعلم يوريكا الرياضيات بمثابة رفيق للطالب في الصف حيث يظهرون تفكيرهم، ويشاركون ما يعرفونه، ويشاهدون معرفتهم وهي تبني كل يوم. يضم كتاب التعلم تجميعة الواجب الدراسي اليومي - مسائل تطبيقية وتذاكر الخروج ومجموعات المسائل والنماذج - بحجم يسهل حمله والتنقل به.

تدريبات

يبدأ كل درس في يوريكا الرياضيات بسلسلة من أنشطة الإتقان النشطة والحيوية، بما في ذلك تلك الموجودة في تدريبات يوريكا الرياضيات. يمكن للطلاب الذين يجيدون حقائق الرياضيات الخاصة بهم إتقان المزيد من المواد بشكل أكثر عمقًا. مع *كتاب التمرين، يبني الطلاب الكفاءة في المهارات* المكتسبة حديثًا *ويعزّز التعلم السابق استعدادًا للدرس التالي.*

يوفر كتابا التعلم والتمرين كافة المواد المطبوعة التي سيستخدمها الطلاب لتدريس الرياضيات الأساسية.

إنجح

يُمكن قسم انجح في يوريكا الرياضيات الطلاب من العمل بشكل فردي نحو الإتقان. تضفي مجموعات المسائل الإضافية محاذاة الدرس تلو الدرس مع تعليمات الفصل الدراسي أجواء مثالية للاستخدام كواجب منزلي أو تدريب إضافي. يرافق مساعد الواجبات المنزلية كل مجموعة مسائل، وهي عبارة عن الأمثلة العملية التي توضح كيفية حل المسائل المماثلة.

يمكن للمعلمين والمربيين استخدام كتب النجاح من مستويات الصف السابق كأدوات متوافقة مع المناهج لملء الفجوات في المعرفة التأسيسية. سيزدهر الطلاب ويتقدمون بشكل أسرع حيث تسهّل النماذج المألوفة الاتصال بمحتواهم الحالي على مستوى الصف.

EUREKA MATH®

الطلاب والأسر والمعلمين:

نشكرك على كونك جزءًا من مجتمع يوريكا الرياضيات®، حيث نحتفل برونق الرياضيات وتساؤلاتها وإثاراتها.

في الفصل الدراسي يوريكا الرياضيات، يتم تنشيط التعلم الجديد من خلال التجارب الغنية والحوار. *يضع كتاب التعلم بين يدي كل طالب المطالبات وتسلسل المسائل التي يحتاجون إليها للتعبير عن تعلمهم وتعزيزه في الفصل.*

ماذا يوجد بكتاب تعلم؟

مسائل تطبيقية: يعد حل المشكلات في سياق العالم الحقيقي جزءًا يوميًا من Eureka Math. يبني الطلاب الثقة والمثابرة وهم يطبّقون معرفتهم في مواقف جديدة ومتنوعة. يشجع المنهج الطلاب على استخدام عملية القراءة - الرسم - الكتابة (RDW)- اقرأ المسألة، وارسم لفهمها، واكتب معادلةً وحلًا. يُسهّل المعلمون أثناء مشاركة الطلاب لعملهم وشرح استراتيجيات الحلول لبعضهم البعض.

مجموعات المسائل: توفر مجموعة المسائل المتسلسلة بعناية فرصة داخل الفصل للعمل المستقل، مع نقاط دخول متعددة للتمايز. يمكن للمعلمين استخدام عملية التحضير والتخصيص لتحديد مسائل "يجب القيام به" لكل طالب. سيكمل بعض الطلاب مسائل أكثر من الآخرين؛ المهم هو أن جميع الطلاب لديهم فترة 10 دقائق لممارسة ما تعلموه على الفور، بدعم خفيف من معلمهم.

يحضر الطلاب مجموعة المسائل معهم إلى النقطة النهائية في كل درس: استخلاص المعلومات للطالب. هنا، يتأمل الطلاب مع أقرانهم ومعلميهم، في توضيح وتعزيز ما تساءلوا عنه، ولاحظوه، وتعلموه في ذلك اليوم.

تذاكر الخروج: يُظهر الطلاب لمعلمهم ما يعرفونه من خلال عملهم على تذكرة الخروج اليومية. يوفر التحقق من الفهم للمعلم أدلة قيّمة في الوقت الفعلي حول فعالية تعليمات ذلك اليوم، مما يمنح رؤية ثاقبة حول مكان التركيز التالي.

القوالب: من وقت لآخر، تتطلب المسائل التطبيقية أو مجموعة المسائل أو أي نشاط آخر في الفصل الدراسي أن يكون لدى الطلاب نسختهم الخاصة من صورة أو نموذج قابل لإعادة الاستخدام أو مجموعة بيانات. يُعرض ضمن هذه النماذج الدرس الأول الذي يتطلب ذلك.

أين يمكنني معرفة المزيد عن موارد يوريكا الرياضيات؟

يلتزم فريق Great Minds® بدعم الطلاب والأسر والمعلمين من خلال مكتبة من الموارد المتزايدة باستمرار والمتوفرة على eureka-math.org. *يقدم الموقع أيضًا قصصًا ملهمة عن النجاح في مجتمع يوريكا الرياضيات. شارك أفكارك وإنجازاتك مع زملائك المستخدمين من خلال أن تصبح بطل Eureka Math.*

أطيب التمنيات لسنة مليئة بلحظات الاكتشاف!

Jill Diniz

جيل دينيز
مدير الرياضيات
Great Minds

عملية القراءة - الرسم - الكتابة

يدعم منهج يوريكا الرياضيات الطلاب أثناء حل المسائل باستخدام عملية بسيطة ومتكررة يقدّمها المعلم. تدعو عملية القراءة - الرسم - الكتابة (RDW) الطلاب إلى

1. أقرأ المسألة.
2. ارسم وعنوّن.
3. اكتب معادلة.
4. اكتب كلمة من جملة (بيان).

يتم تشجيع المعلمين على تعزيز العملية التعليمية عن طريق الأسئلة الاعتراضية مثل

- ماذا ترى؟
- هل يمكنك رسم شيء؟
- ما الاستنتاجات التي يمكنك استخلاصها من الرسم الخاص بك؟

كلما زاد شارك الطلاب في التفكير من خلال المسائل مع هذا النهج المنهجي المنفتح، زاد استيعابهم لعملية التفكير وتطبيقها تلقائيًا لسنوات قادمة.

المحتويات

الوحدة 6: القيمة المكانية والمقارنة والجمع والطرح إلى 100

الموضوع أ: مسائل كلامية خاصة بالمقارنة

الدرس 1	1
الدرس 2	5

الموضوع ب: الأعداد إلى 120

الدرس 3	9
الدرس 4	17
الدرس 5	23
الدرس 6	29
الدرس 7	35
الدرس 8	41
الدرس 9	47

الموضوع ج: الجمع إلى 100 باستخدام فهم القيمة المكانية

الدرس 10	53
الدرس 11	61
الدرس 12	67
الدرس 13	73
الدرس 14	79
الدرس 15	85
الدرس 16	91
الدرس 17	97

الموضوع د: استراتيجيات القيمة المكانية المختلفة للجمع إلى 100

الدرس 18	103
الدرس 19	109

الموضوع هـ: العملات النقدية وقيمها

الدرس 20 115
الدرس 21 121
الدرس 22 127
الدرس 23 133
الدرس 24 139

الموضوع و: مجموعة من المسائل المختلفة ضمن العدد 20

الدرس 25 145
الدرس 26 149
الدرس 27 153

الموضوع ز: الخبرات النهائية

الدرس 28 157
الدرس 29 161
الدرس 30 163

الاسم _____ التاريخ _____

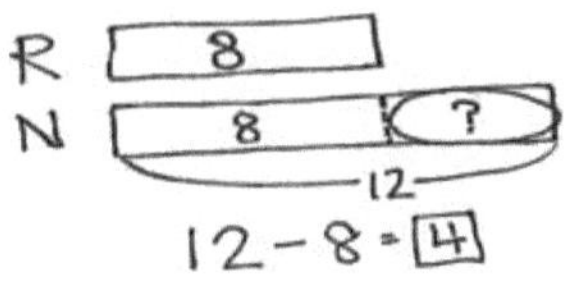

اقرأ المسألة اللفظية.
ارسم مخططًا شريطيًا أو مخططًا شريطيًا مزدوجًا وسمِّه.
اكتب جملة رقمية وبيان يطابقان القصة.

R [8]
N [8 | ?]
    └─ 12 ─┘
12 - 8 = [4]

1. يمتلك بيتر 3 عنزات يعيشون في مزرعته. ويمتلك جوليو 9 عنزات يعيشون في مزرعته. فكم يزيد عدد ما يملكه جوليو من عنزات عما يملكه بيتر؟

2. قطف ويلي 16 تفاحة من البستان. وقطفت ايمي 10 تفاحات من البستان. فكم يزيد عدد ما قطفه ويلي من التفاح عما قطفته ايمي؟

3. جمع لي 13 بيضة من الدجاجات بالحظيرة. وجمع بن 18 بيضة من الدجاجات بالحظيرة. فكم ينقص عدد ما جمعه لي من البيض عما جمعه بن؟

4. نفذت شانيكا 14 حركة بهلوانية (حركة العجلة الدوارة) أثناء فترة الاستراحة. ونفذت كيم 20 حركة بهلوانية (حركة العجلة الدوارة). فكم يزيد عدد ما نفذته كيم من حركة العجلة الدوارة عما نفذته شانيكا؟

الاسم ______________________ التاريخ ______________

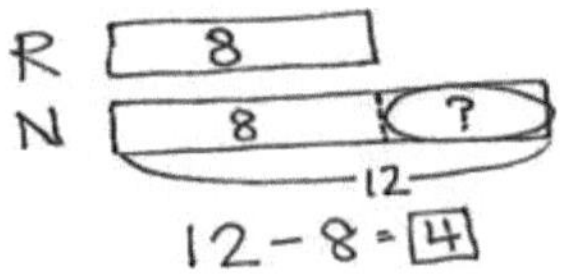

اقرأ المسألة اللفظية.
ارسم مخططًا شريطيًا أو مخططًا شريطيًا مزدوجًا وسمِّه.
اكتب جملة رقمية وبيان يطابقان القصة.

دار أنطون حول مضمار السباق بسيارته 12 مرة خلال السباق. ودارت روز حول مضمار السباق بسيارتها 17 مرة. فكم يزيد عدد مرات ما دارته روز بسيارتها حول مضمار السباق عما داره أنطون بسيارته؟

الاسم _____ التاريخ _____

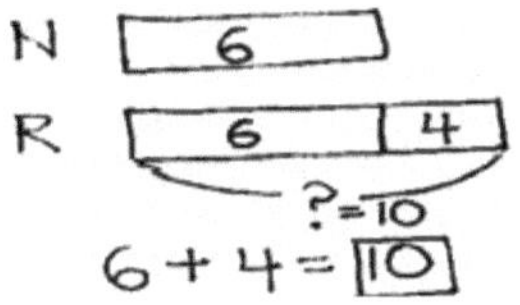

اقرأ المسألة الكلامية.
ارسم مخططًا شريطيًا أو مخططًا شريطيًا مزدوجًا وسمِّه.
اكتب الجملة الرقمية والبيان التي تطابق القصة.

N | 6 |
R | 6 | 4 |
? = 10
6 + 4 = 10

1. خبز نيكل 5 فطائر للمسابقة. وخبز بيتر 3 فطائر أكثر مما خبزه نيكل.
فكم عدد الفطائر التي خبزها نيكل للمسابقة؟

2. زرعت ايمي 12 وردة. وزرعت روز 3 وردات أقل مما زرعته ايمي.
فكم عدد الوردات التي زرعتها روز؟

3. سجل بين 15 هدفًا في لعبة كرة القدم. وسجل أنطوان 11 هدفًا.
كم يزيد عدد ما سجله بين من أهداف عما سجله أنطوان؟

4. زرع كيم 12 وردة في الحديقة. وزرع فران 6 وردات أقل مما زرعه كيم. فكم عدد الوردات التي زرعها فران في الحديقة؟

5. تمتلك ماريا في حوض أسماكها 4 سمكات أكثر مما تمتلكه شانيكا. وتمتلك شانيكا 16 سمكة. فكم عدد الأسماك التي تمتلكها ماريا في حوض أسماكها؟

6. يمتلك لي 11 لعبة لوحية. ويمتلك لي 5 ألعاب لوحية أكثر مما يمتلكه دارنيل. فكم عدد الألعاب اللوحية التي يمتلكها دارنيل.

الاسم ______________________________ التاريخ ______________

اقرأ المسألة الكلامية.
ارسم مخططًا شريطيًا أو مخططًا شريطيًا مزدوجًا وسمِه.
اكتب الجملة الرقمية والبيان التي تطابق القصة.

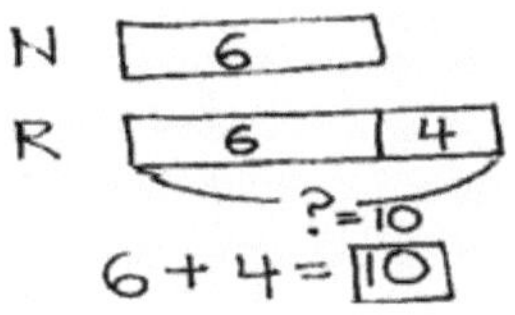

N 6
R 6 4
?=10
6 + 4 = 10

زينت تامرا 13 قطعة كوكيز. وزينت كيانا 5 قطع كوكيز أقل مما زينته تامرا. فكم عدد قطع الكوكيز التي زينتها كيانا؟

اقرأ

تمتلك تامرا 4 سمكات ذهبية أكثر مما يمتلكه بيتر. يمتلك بيتر 10 سمكات ذهبية. فكم عدد السمكات الذهبية التي تمتلكها تامرا؟

ارسم

اكتب

الاسم ____________________ التاريخ ____________

اكتب العشرات والآحاد. أكمل الجملة.

1.

عشرات	آحاد

43 = ____عشرات ____ آحاد

2.

عشرات	آحاد

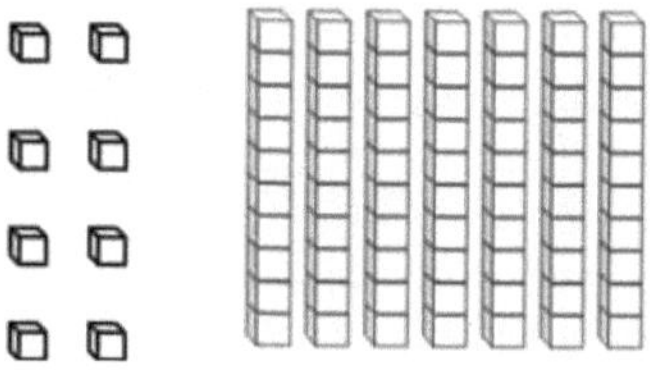

____ = ____عشرات ____ آحاد

3.

عشرات	آحاد

يوجد ____ مكعبًا.

4.

عشرات	آحاد

يوجد ____ مكعبًا.

5.

عشرات	آحاد

يوجد ____ مكعبًا.

6.

عشرات	آحاد

يوجد ____ مكعبًا.

7.

10
10
10
10
10
10
10

عشرات	آحاد

يوجد ____ حبات من الفول السوداني.

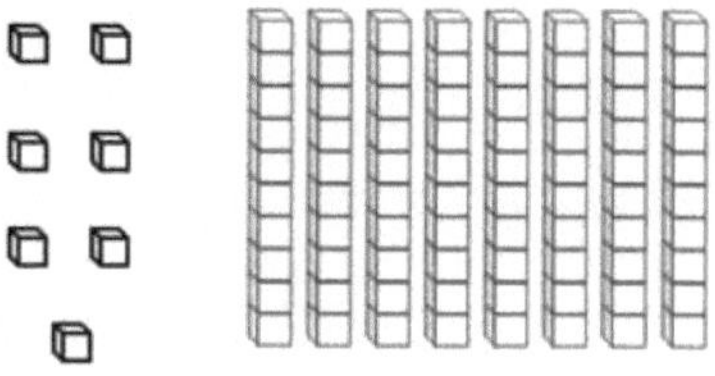

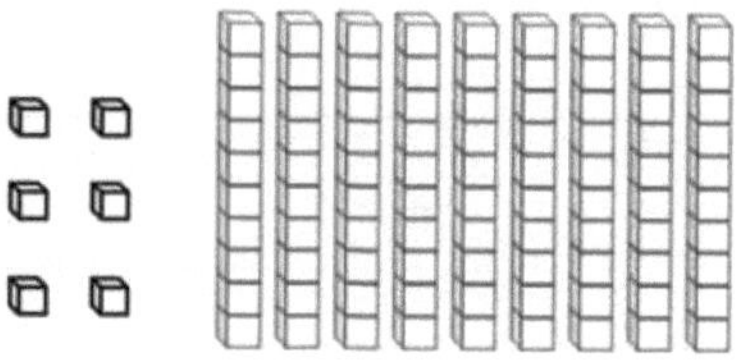

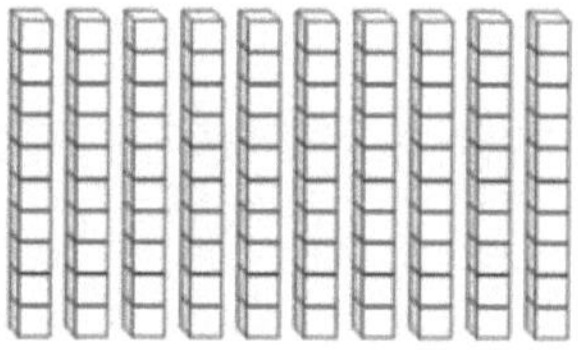

8.

10
10
10
10
10
10
10

عشرات	آحاد

يوجد ____علبة عصير.

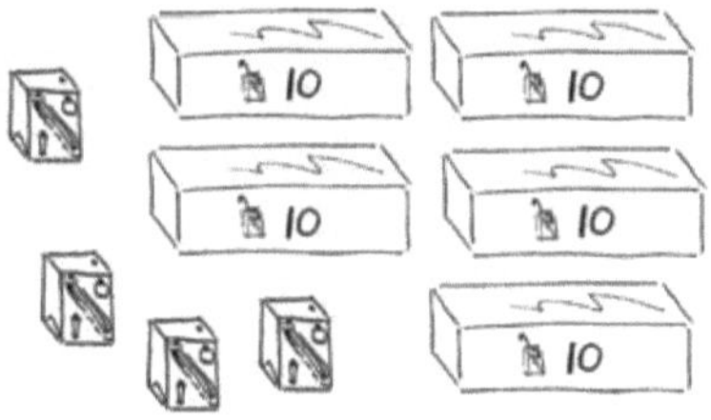

الدرس 3: استخدم مخطط القيمة المكانية لتسجيل وتسمية العشرات والآحاد ضمن الأعداد المكونة من رقمين حتى العدد 100.

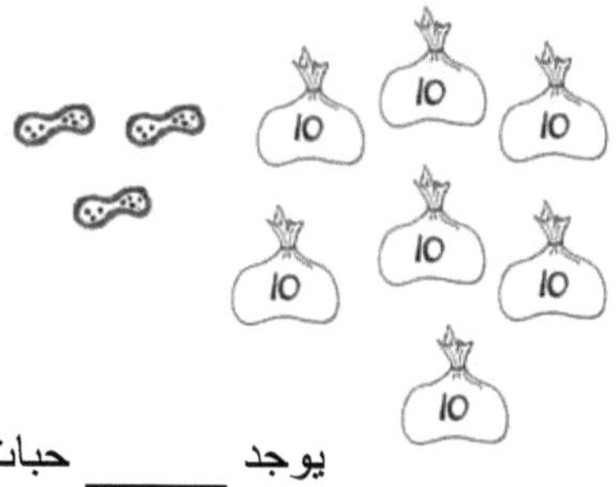

9. اكتب العدد في صورة عشرات وآحاد على مخطط القيمة المكانية، أو استخدم مخطط القيمة المكانية لكتابة العدد.

أ. 40

آحاد	عشرات

ب. 46

آحاد	عشرات

ج. ____

آحاد	عشرات
9	5

د. ____

آحاد	عشرات
5	9

هـ. 75

آحاد	عشرات

و. 70

آحاد	عشرات

ز. 60

آحاد	عشرات

ح. ____

آحاد	عشرات
0	8

ط. ____

آحاد	عشرات
5	5

ي. ____

آحاد	عشرات
0	10

الاسم ______________________ التاريخ ____________

1. اكتب العشرات والآحاد. أكمل الجملة.

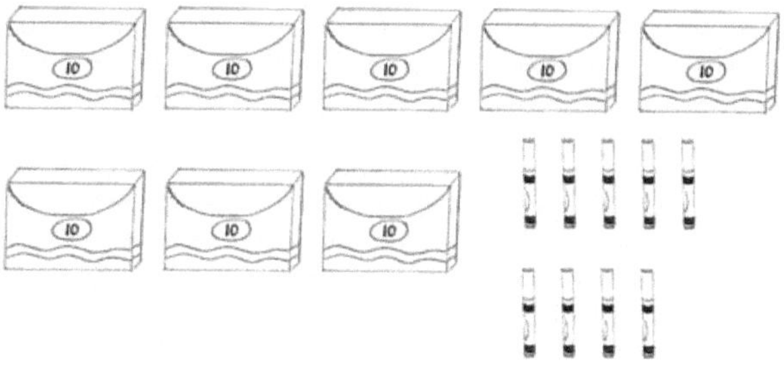

عشرات	آحاد

يوجد ______ قلم ماركر.

2. اكتب العدد في صورة عشرات وآحاد على مخطط القيمة المكانية، أو استخدم مخطط القيمة المكانية لكتابة العدد.

أ. 90

عشرات	آحاد

ب. ______

عشرات	آحاد
8	7

6•1 الدرس 3 تذكرة الخروج
قصة الوحدات

عشرات	آحاد

عشرات	آحاد

مخطط القيمة المكانية

الدرس 4: استخدم مخطط القيمة المكانية لتسجيل وتسمية العشرات والآحاد ضمن الأعداد المكونة من رقمين حتى العدد 100.

الدرس 4 مسألة تطبيقية 6•1

اقرأ

تمتلك تامرا 14 سمكة ذهبية. ويمتلك دارنيل 8 سمكات ذهبية. فكم ينقص عدد ما يمتلكه دارنيل من سمكات ذهبية عما تمتلكه تامرا؟

ارسم

اكتب

____

____

____

الدرس 4: اكتب واشرح الأعداد المكونة من رقمين حتى العدد 100 في صورة جمل جمع تحتوي على عشرات وآحاد.

الاسم ______________________ التاريخ ______________

عد الكائنات، وأكمل الرابطة الرقمية أو مخطط القمية المكانية. أكمل الجمل لجمع العشرات والآحاد.

.1

40 زائد 3 تساوي ____.

____ = 3 + 40

.2

40 زائد 6 تساوي ____.

____ = 6 + 40

.3

____ + ____ = 57

7 أكثر من 50 تساوي ____.

.4

____ + ____ = 75

5 أكثر من 70 تساوي ____.

.5

____ = ____ + ____

____ = tens + ____ ones ____

.6

____ = ____ + ____

____ = tens + ____ ones ____

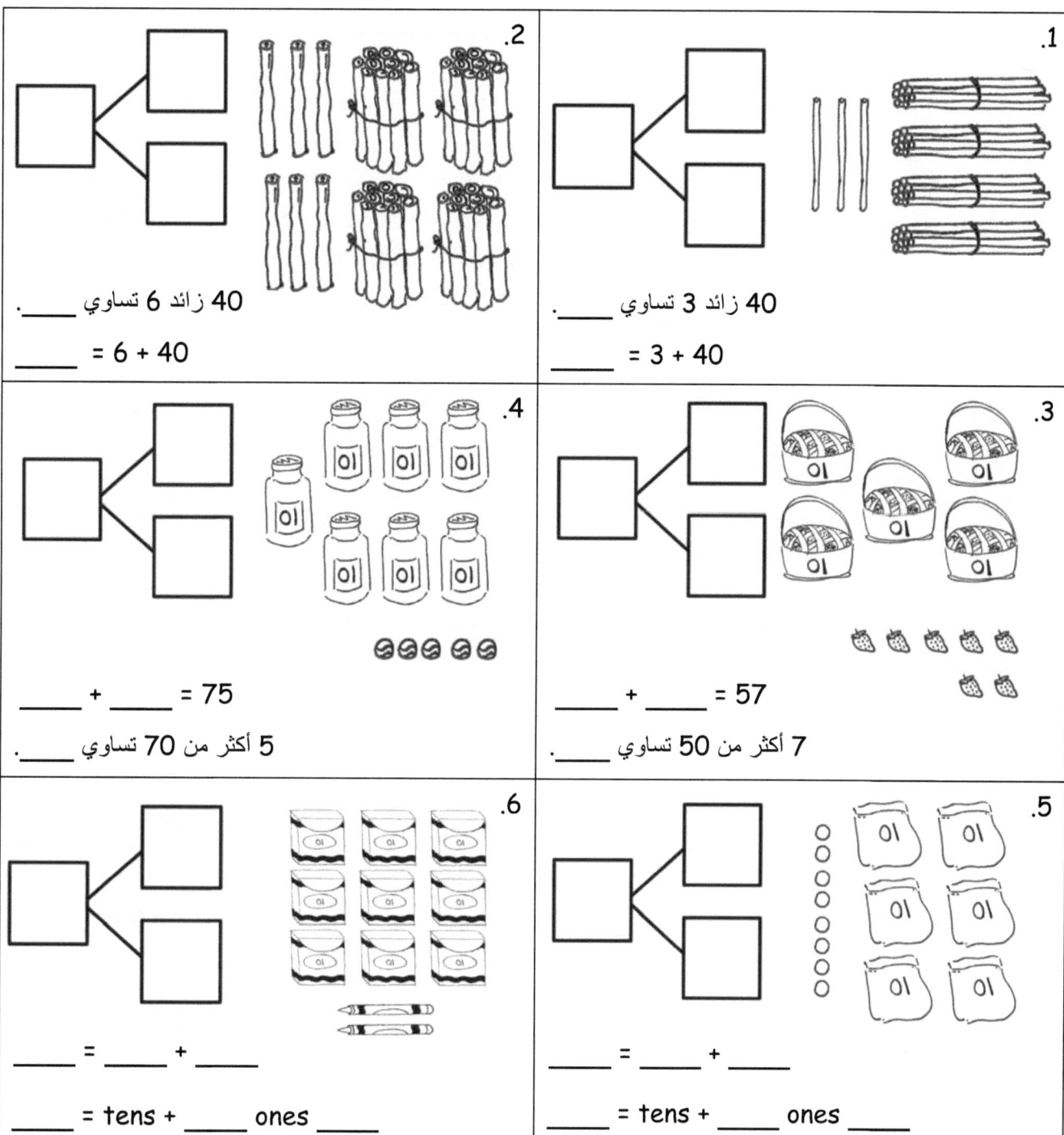

.7

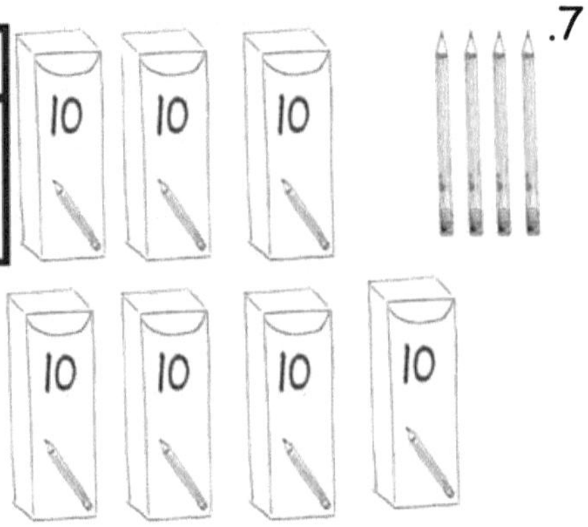

آحاد	عشرات

____ = ____ + ____

____ = tens + ____ ones ____

.8

آحاد	عشرات

____ = ____ + ____

____ = tens + ____ ones ____

.9

آحاد	عشرات

____ = ____ + ____

____ = tens + ____ ones ____

.10

آحاد	عشرات
	0

____ = ____ + ____

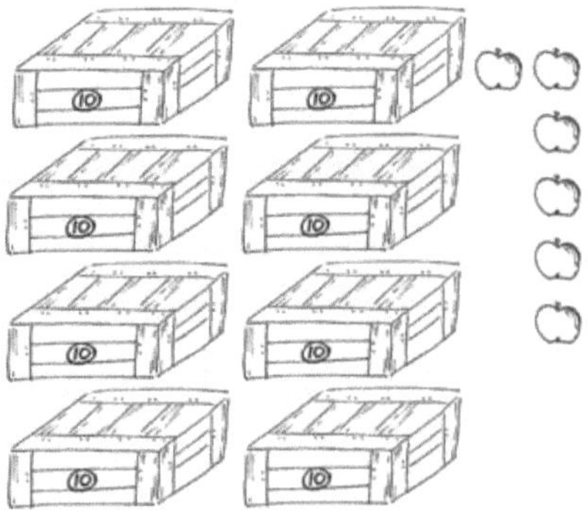

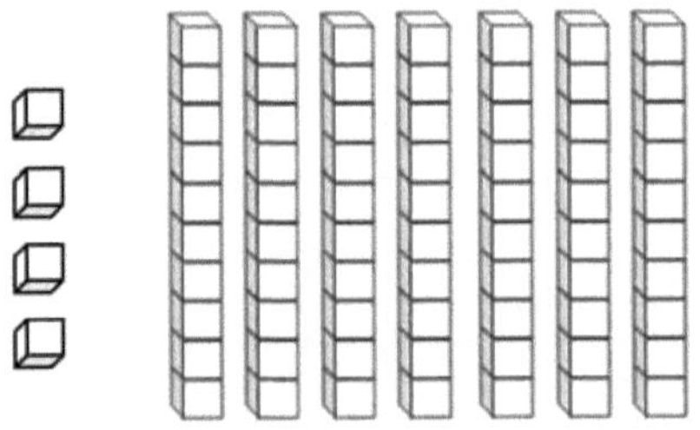

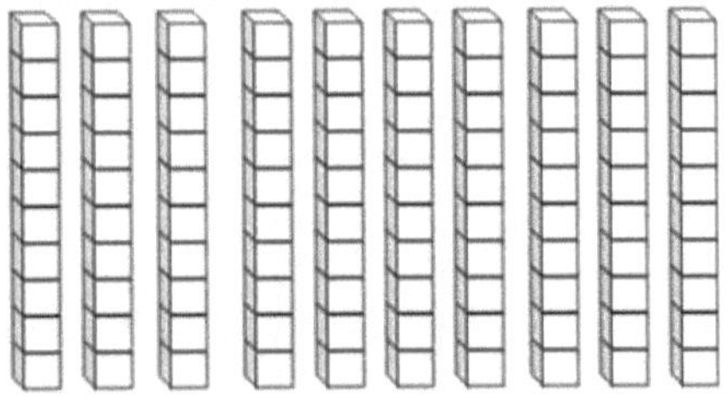

____ = tens + ____ ones ____

11. أكمل الجمل لجمع العشرات والآحاد.

أ. 50 + 6 = ____

ب. ____ + 9 = 89

ج. 5 عشرات + ____ آحاد = 56

د. 9 آحاد + 8 عشرات = ____

الاسم ______________________________ التاريخ ______________

1. عد الكائنات، وأكمل الرابطة الرقمية أو مخطط القمية المكانية. أكمل الجمل لجمع العشرات والآحاد.

آحاد	عشرات

____ + ____ = ____

عشرات + ____ آحاد = ____

2. أكمل الجمل لجمع العشرات والآحاد.

أ. 90 + 2 = ____

ب. 7 عشرات + ____ آحاد = 79

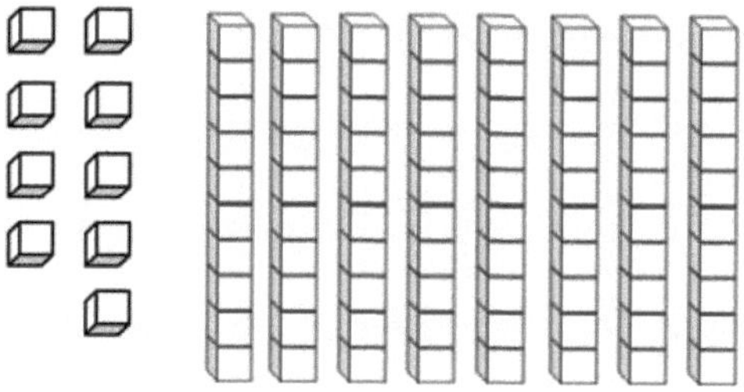

اقرأ

تمتلك كيانا 6 سمكات ذهبية أقل مما تمتلكه تامرا. تمتلك تامرا 14 سمكة ذهبية.

فكم عدد السمكات الذهبية التي تمتلكها كيانا؟

ارسم

اكتب

الاسم ______________________ التاريخ ____________

1. حل. يمكنك الرسم أو الشطب (×) لشرح إجابتك.

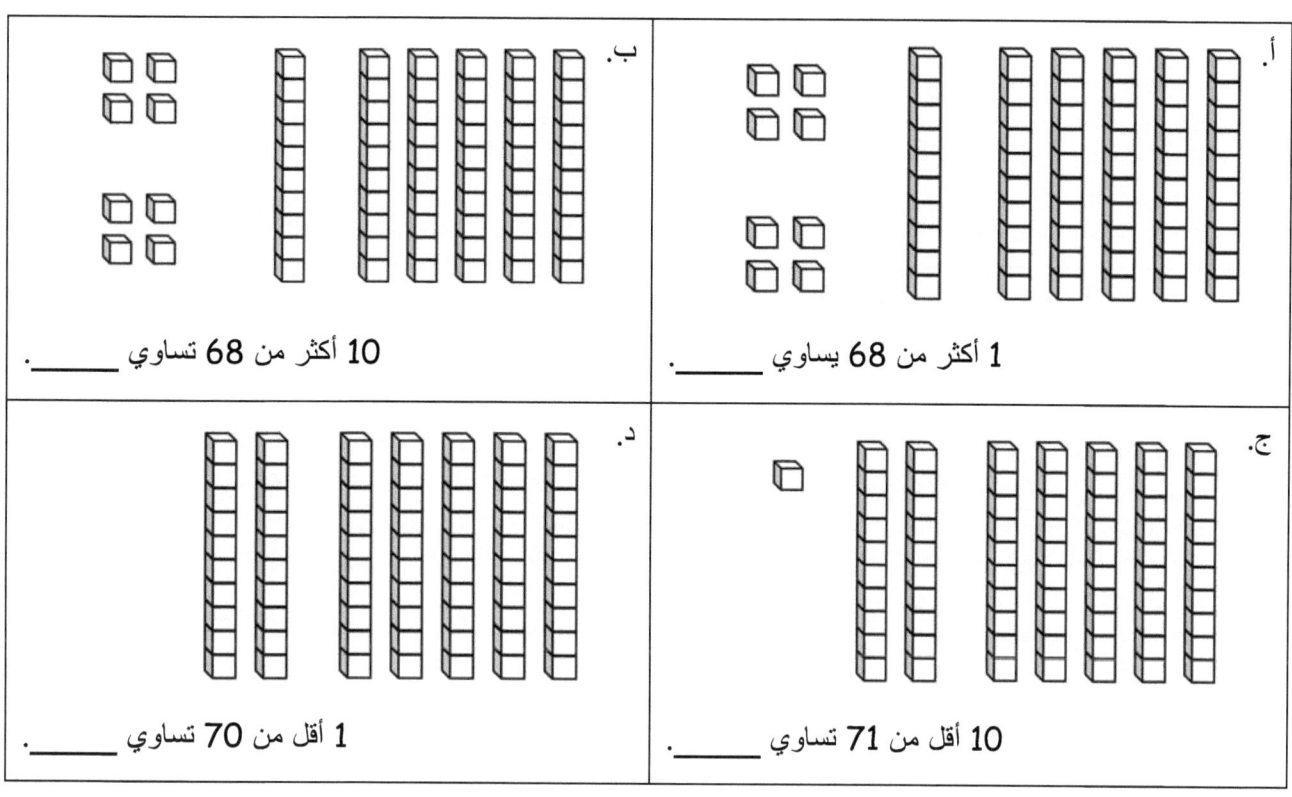

أ.

1 أكثر من 68 يساوي ______.

ب.

10 أكثر من 68 تساوي ______.

ج.

10 أقل من 71 تساوي ______.

د.

1 أقل من 70 تساوي ______.

2. أوجد الأرقام الغامضة. استخدم أسلوب الأسهم لشرح كيف عرفت ذلك.

أ. 10 أكثر من 59 تساوي______.

عشرات	آحاد
5	9

← 1 + عشرات

عشرات	آحاد

ب. 1 أقل من 59 تساوي______.

عشرات	آحاد

عشرات	آحاد

ج. 1 أكثر من 59 تساوي______.

عشرات	آحاد

عشرات	آحاد

د. 10 أقل من 59 تساوي ______.

عشرات	آحاد

عشرات	آحاد

4. اكتب العدد الذي يساوي **أكثر من 1**.	3. اكتب العدد الذي يساوي **أكثر من 1**.
أ. 10, _____	أ. 10, _____
ب. 60, _____	ب. 70, _____
ج. 61, _____	ج. 76, _____
د. 78, _____	د. 79, _____
هـ. 90, _____	هـ. 99, _____
6. اكتب العدد الذي يساوي **أقل من 1**.	5. اكتب العدد الذي يساوي **أقل من 1**.
أ. 20, _____	أ. 12, _____
ب. 60, _____	ب. 52, _____
ج. 74, _____	ج. 51, _____
د. 81, _____	د. 80, _____
هـ. 100, _____	هـ. 100, _____

7. أكمل الأرقام الناقصة في كل تسلسل.

أ. 40, 41, 42, _____

ب. 89, 88, 87, _____

ج. 72, 71, _____, 69

د. 63, _____, 65, 66

هـ. 40, 50, 60, _____

و. 80, 70, 60, _____

ز. 55, 65, _____, 85

ح. 99, 89, _____, 69

ط. _____, 99, 98, 97

ي. _____, 77, _____, 57

الاسم ______________________________ التاريخ ______________

1. أوجد الأرقام الغامضة. استخدم أسلوب الأسهم لشرح كيف عرفت ذلك.

أ. 1 أقل من 69 يساوي __________.

آحاد	عشرات

آحاد	عشرات

ب. 10 أكثر من 69 يساوي __________.

آحاد	عشرات

آحاد	عشرات

2. اكتب العدد الذي يساوي **أكثر من 1**.

أ. 40, _____

ب. 86, _____

ج. 89, _____

3. اكتب العدد الذي يساوي **أكثر من 1**.

أ. 50, _____

ب. 62, _____

ج. 90, _____

4. اكتب العدد الذي يساوي **أقل من 1**.

أ. 75, _____

ب. 70, _____

ج. 100, _____

5. اكتب العدد الذي يساوي **أقل من 1**.

أ. 80, _____

ب. 99, _____

ج. 100, _____

اقرأ

يمتلك نيكل 12 سيارة لعبة. ويمتلك ويلي 4 سيارات لعبة. عندما يلعب نيكل وويلي معًا، فكم عدد السيارات اللعبة التي يمتلكاها؟

ارسم

اكتب

_____

_____

_____

الاسم ____________________ التاريخ ____________

1. استخدم الرموز للمقارنة بين الأعداد. أملأ الفراغ برمز > أو < أو = لكي يُصبح البيان صحيحًا.

75 85

85 (>) 75

85 أكبر من 75.

4 عشرات 6 آحاد 4 عشرات 3 آحاد

43 (<) 46

43 أقل من 46.

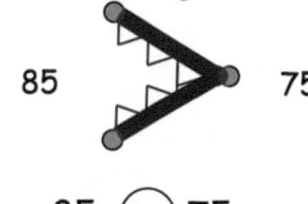

أ. 35 ◯ 42

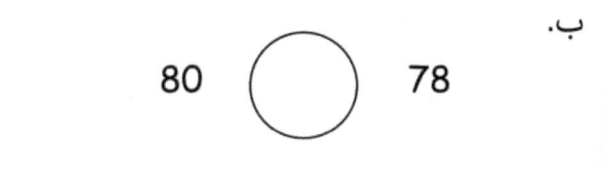

ب. 78 ◯ 80

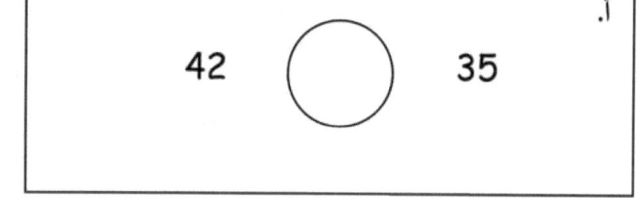

ج. 100 ◯ 99

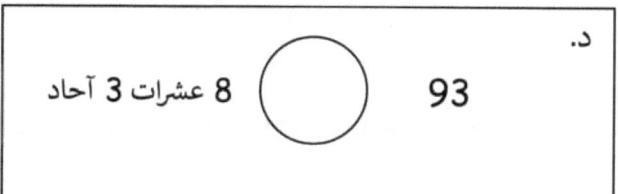

د. 93 ◯ 8 عشرات 3 آحاد

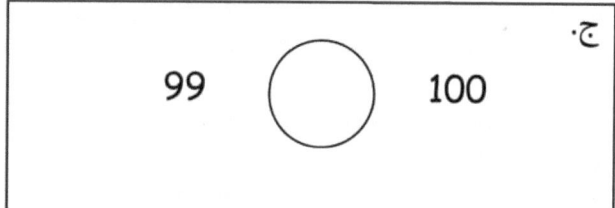

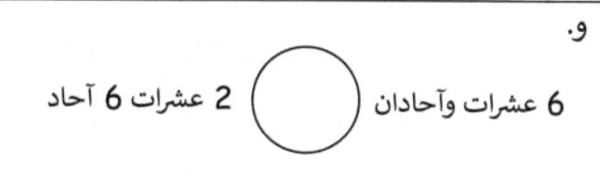

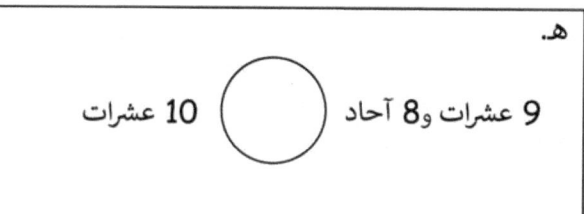

هـ. 9 عشرات و8 آحاد ◯ 10 عشرات

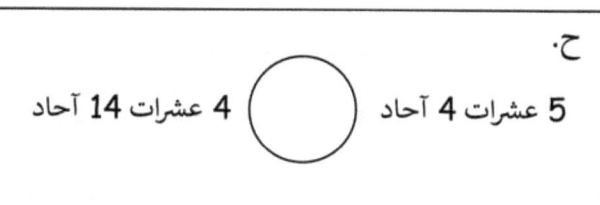

و. 6 عشرات وآحادان ◯ 2 عشرات 6 آحاد

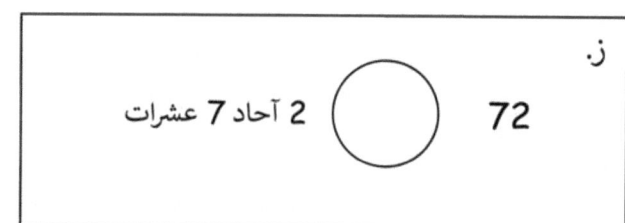

ز. 72 ◯ 2 آحاد 7 عشرات

ح. 5 عشرات 4 آحاد ◯ 4 عشرات 14 آحاد

2. ضع دائرة حول الكلمات الصحيحة لكي تُصبح الجملة صحيحة. استخدم < أو > أو = والأعداد لكتابة بيان صحيح.

أ. 29 (يكون أكبر من / أقل من / يساوي) 2 عشرات 9 آحاد _____ ◯ _____	ب. 7 عشرات 9 آحاد (يكون أكبر من / أقل من / يساوي) 80 _____ ◯ _____
ج. 0 عشرات 10 آحاد (يكون أكبر من / أقل من / يساوي) 0 عشرات 10 آحاد _____ ◯ _____	د. 6 عشرات 1 آحاد (يكون أكبر من / أقل من / يساوي) 5 عشرات 16 آحاد _____ ◯ _____

3. استخدم > أو < أو = للمقارنة بين أزواج الأعداد.

أ. 3 عشرات و9 آحاد ◯ 5 عشرات و9 آحاد

ب. 30 ◯ 13

ج. 100 ◯ 10 عشرات

د. 6 عشرات و4 آحاد ◯ 4 آحاد و6 عشرات

هـ. 7 عشرات و9 آحاد ◯ 79

و. عشرة واحدة و5 آحاد ◯ 5 عشرات وعشرة واحدة

ز. 72 ◯ 6 عشرات و12 آحاد

ح. 88 ◯ 8 عشرات و18 آحاد

الاسم ____________________ التاريخ ____________

ضع دائرة حول الكلمات الصحيحة لكي تُصبح الجملة صحيحة. استخدم < أو > أو = والأعداد لكتابة بيان صحيح.

أ. 36 | يكون أكبر من / أقل من / يساوي | 6 عشرات 3 آحاد

______ ◯ ______

ب. 90 | يكون أكبر من / أقل من / يساوي | 8 عشرات 9 آحاد

______ ◯ ______

ج. 52 | يكون أكبر من / أقل من / يساوي | 5 عشرات 2 آحاد

______ ◯ ______

د. 4 عشرات 2 آحاد | يكون أكبر من / أقل من / يساوي | 3 عشرات 14 آحاد

______ ◯ ______

اقرأ

لدى شانيكا 6 وردات و 7 زهرات توليب في مزهرية. ولدى ماريا 4 وردات و 8 زهرات توليب في مزهرية. فأيهما تمتلك زهورًا أكثر؟ وكم يزيد عدد زهراتها؟

ارسم

اكتب

الاسم ____________________ التاريخ ____________

1. أكمل الأرقام المفقودة في المخطط حتى العدد 120.

هـ.	د.	ج.	ب.	أ.
111		91	81	71
	102		82	
113		93	83	73
114	104	94	84	
116	106	96	86	76
117		97	87	77
119	109	99	89	79
	110	100		80

2. اكتب الأعداد لمتابعة التسلسل العددي حتى العدد 120.

96، 97، ____ ، ____ ، ____ ، ____ ، ____ ،

____ ، ____ ، ____ ، ____ ، ____ ، ____ ،

____ ، ____ ، ____ ، ____ ، ____ ، ____ ،

____ ، ____ ، ____ ، ____ ، ____ ، ____

3. ضع دائرة حول التسلسل الخاطئ. وأعد كتابتها بصورة صحيحة على الخط.

أ.

107، 108، 109، 110، 120

ب.

99، 100، 101، 102، 103

4. أكمل الأرقام المفقودة في التسلسل.

أ.

115، 116، ____ ، ____ ، ____

ب.

____ ، ____ ، 118، ____ ، 120

ج.

100، 101، ____ ، ____ ، 104

د.

97، 98، ____ ، ____ ، ____ ، ____

الاسم _____ التاريخ _____

1. أكمل المخطط عبر إكمال الأرقام المفقودة.

أ.
88
90

ب.
99

ج.
108

د.
119

2. أكمل الأعداد المفقودة لمتابعة التسلسل العددي.

أ. 117, ____, 119, ____

ب. 108, 109, ____, ____, ____

اقرأ

وجد لي 15 صخرة لامعة. ووجد كيم 8 صخرات لامعة. فكم يزيد عدد ما وجده لي من الصخرات اللامعة عما وجده كيم؟

ارسم

اكتب

_____

_____

الاسم ____________________ التاريخ __________

1. اكتب العدد في صورة عشرات وآحاد على مخطط القيمة المكانية، أو استخدم مخطط القيمة المكانية لكتابة العدد.

أ. 74

آحاد	عشرات

ب. 78

آحاد	عشرات

ج. ______

آحاد	عشرات
1	9

د. ______

آحاد	عشرات
9	10

هـ. 116

آحاد	عشرات

و. 103

آحاد	عشرات

ز. ______

آحاد	عشرات
2	11

ح. ______

آحاد	عشرات
0	12

ط. ______

آحاد	عشرات
5	10

ي. 102

آحاد	عشرات

2. طابق

أ.

آحاد	عشرات
7	9

ب.

آحاد	عشرات
7	10

ج.

آحاد	عشرات
0	11

د.

آحاد	عشرات
5	10

هـ.

آحاد	عشرات
1	10

و.

آحاد	عشرات
0	12

ز.

آحاد	عشرات
8	11

- 10 عشرات 5 آحاد
- 10 عشرات 7 آحاد
- 9 عشرات و7 آحاد
- 12 عشرات 0 آحاد
- 110
- 11 عشرات 8 آحاد
- 101

6•1 الدرس 8 تذكرة الخروج

الاسم ______________________________ التاريخ ______________

1. اكتب العدد في صورة عشرات وآحاد على مخطط القيمة المكانية، أو استخدم مخطط القيمة المكانية لكتابة العدد.

أ. 83

آحاد	عشرات

ب. ____

آحاد	عشرات
4	9

ج. ____

آحاد	عشرات
5	11

د. 106

آحاد	عشرات

2. اكتب العدد.

أ. 10 عشرات وآحادان يساوي العدد ____________.

ب. 11 عشرات و4 آحاد يساوي العدد ____________.

اقرأ

تمتلك ايمي وجوليو معًا 17 فأرًا أليفًا. فكم عدد الفئران الأليفة التي يمتلكها كل طفل؟

تمديد: وأيهما يمتلك فئران أكثر، وكم يزيد ما يمتلكها الطفل عن الآخر؟

ارسم

اكتب

_____

_____

_____

الاسم _____ التاريخ _____

عد الاشياء. أكمل مخطط القيمة المكانية، واكتب العدد على الخط.

1. _____

عشرات	آحاد

2. _____

عشرات	آحاد

3. _____

عشرات	آحاد

4. _____

عشرات	آحاد

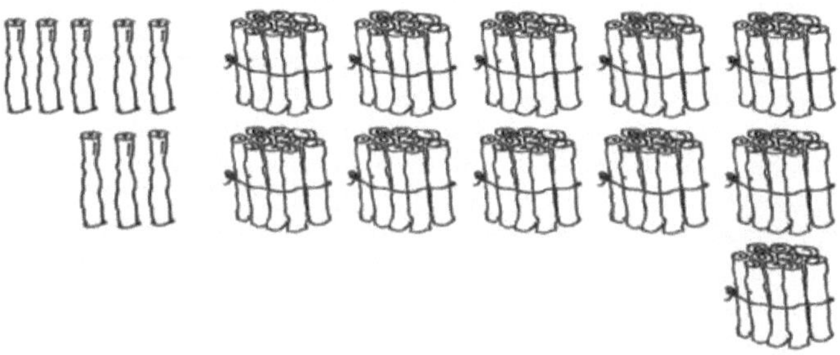

5. _____

عشرات	آحاد

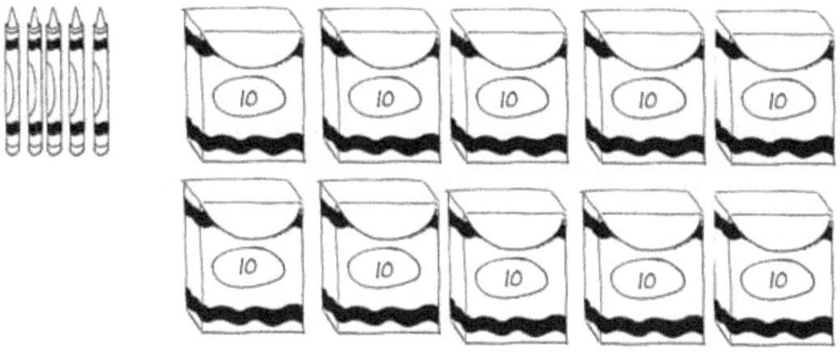

الدرس 9: مثل ما يصل إلى 120 شيئاً بالأعداد المكتوبة.

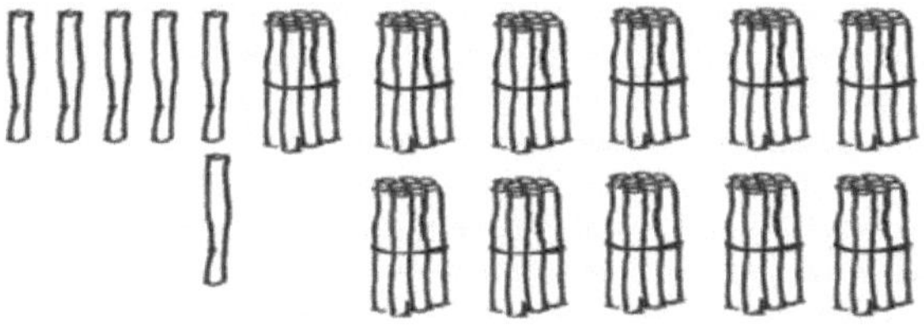

.6

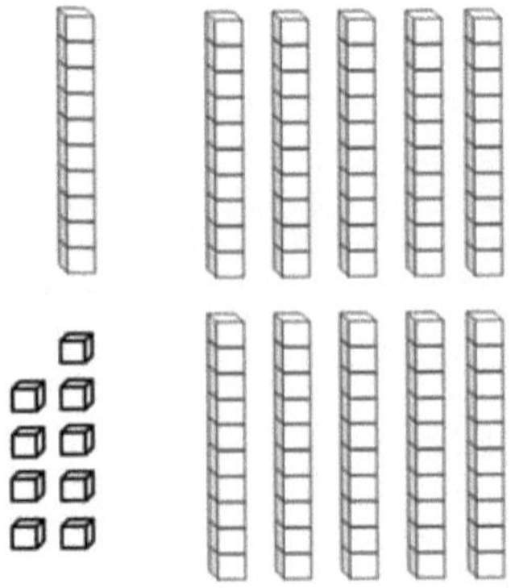

عشرات	آحاد

______

.7

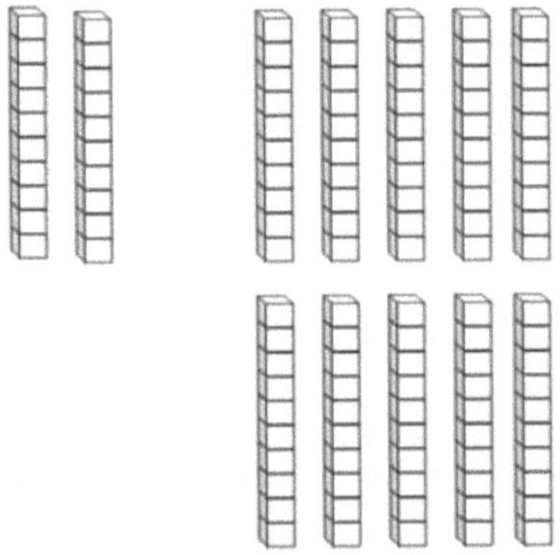

عشرات	آحاد

______

استخدم العشرات والآحاد السريعة لتمثيل الأعداد التالية. اكتب العدد على الخط.

.8 ______

عشرات	آحاد
10	9

.9 ______

عشرات	آحاد
12	0

EUREKA MATH

1•6 الدرس 9 تذكرة الخروج

الاسم _____ التاريخ _____

1. عد الاشياء. أكمل مخطط القيمة المكانية، واكتب العدد على الخط.

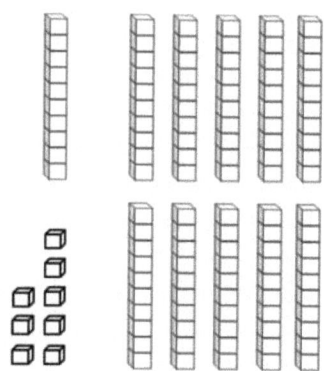

عشرات	آحاد

_____

2. استخدم العشرات والآحاد السريعة لتمثيل الأعداد التالية. اكتب العدد على الخط.

أ.

عشرات	آحاد
11	0

_____

ب.

عشرات	آحاد
10	1

_____

اقرأ

يمتلك فران 7 سحالي. وأعطى أنطوان بعض السحالي لفران. ويمتلك فران الآن 13 سحلية. فكم عدد السحالي التي أعطاها أنطوان لفران؟

ارسم

اكتب

_____

_____

_____

الاسم ______________________ التاريخ ____________

أكمل الروابط والجمل الرقمية لمطابقة الصورة.

.1

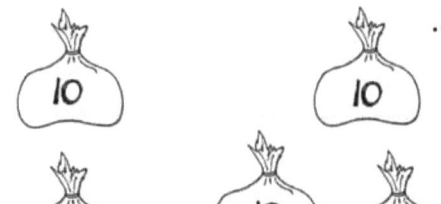

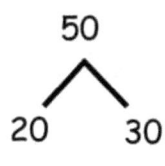

3 عشرات + _____ عشرات = _____ عشرات

20 + 30 = _______

.2

_____ عشرات + _____ عشرات = _____ عشرات

____

.3

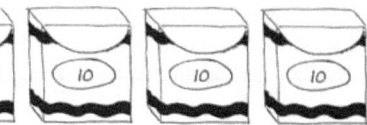

_____ عشرات - _____ عشرات = _____ عشرات

____

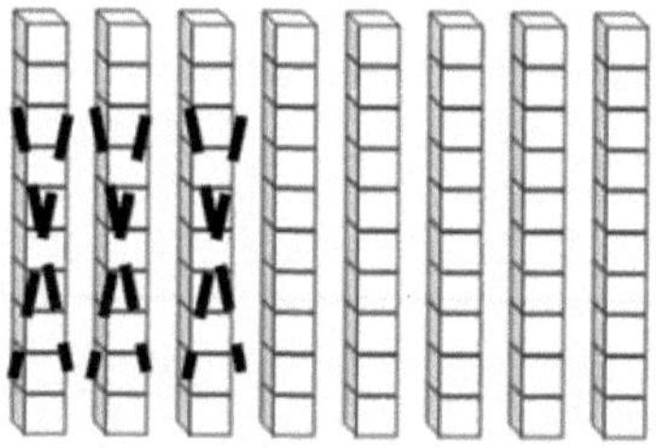

.4

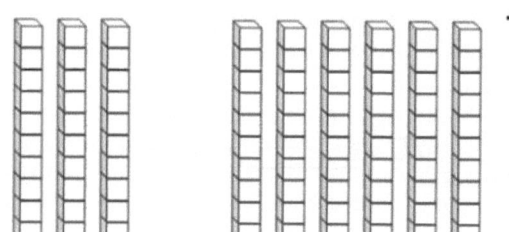

_____ عشرات + _____ عشرات = _____ عشرات

____

.5

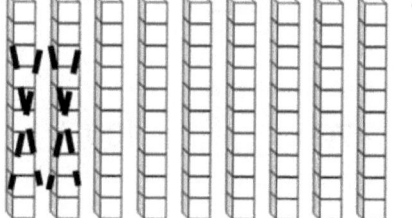

_____ عشرات - _____ عشرات = _____ عشرات

____

عد الدايمات للجمع أو الطرح. اكتب جملة رقمية لمطابقة قيمة الدايمات.

6. +   40 + 20 = _____

7.    _____

8. +
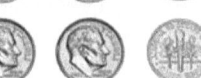   _____

9.
   _____

10.

11. أكمل الأعداد المفقودة.

أ. 40 + 40 = _____   ب. 50 - 30 = _____   ج. _____ + 10 = 70

د. 60 - _____ = 0   هـ. 90 - _____ = 10   و. _____ + 70 = 90

ز. 50 + 40 = _____   ح. 100 - 30 = _____   ط. 100 - _____ = 70

الاسم ________________ التاريخ ________________

1. أكمل الأعداد المفقودة.

أ. 40 + 50 = ______ ب. 80 - 60 = ______ ج. 30 + ______ = 70

2. اكتب جملة رقمية لمطابقة الصورة.

____

الدرس 10 النموذج 6•1
قصة الوحدات

_____ ◯ _____ ◯ _____

_____ عشرات ◯ _____ عشرات ◯ _____ عشرات

_____ ◯ _____ ◯ _____

____

مجموعة الروابط/الجمل الرقمية

الدرس 10: اجمع واطرح مضاعفات العدد 10 من مضاعفات الأعداد من 10 إلى 100، وتشمل الدايمات.

| 6•1 | الدرس 11 مسائل تطبيقية | قصة الوحدات |

اقرأ

برى بين 5 أقلام رصاص. ويمتلك 8 أقلام رصاص غير مبريين أكثر مما يمتلكه من أقلام الرصاص المبريين. فكم عدد الأقلام الرصاص غير المبريين التي يمتلكها بين؟

ارسم

اكتب

_____

_____

_____

الدرس 11: اجمع أي من مضاعفات الرقم 10 على أي عدد مكون من رقمين في حدود العدد 100.

61

6•1 الدرس 11 مجموعة مسائل

الاسم ______________________________ التاريخ ______________

حل باستخدام الصور. أكمل الجملة الرقمية للمطابقة.

.1

_____ = _____ + _____

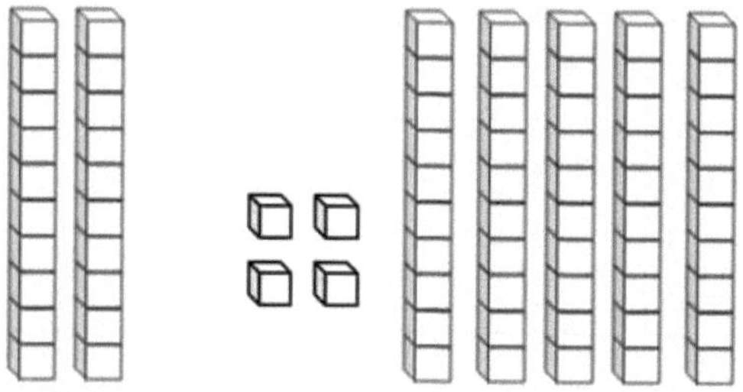

.2

_____ = _____ + _____

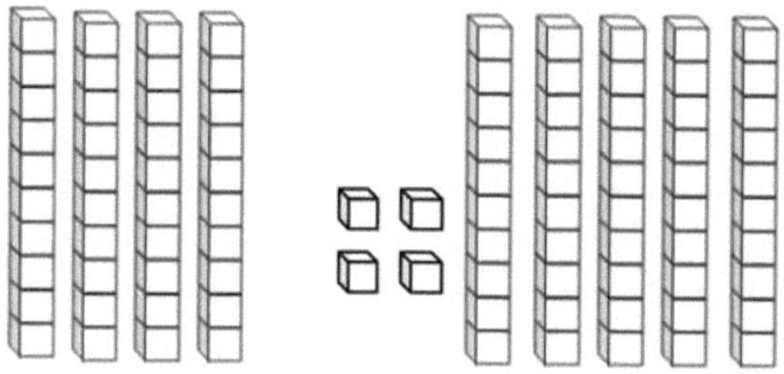

.3

_____ = _____ + _____

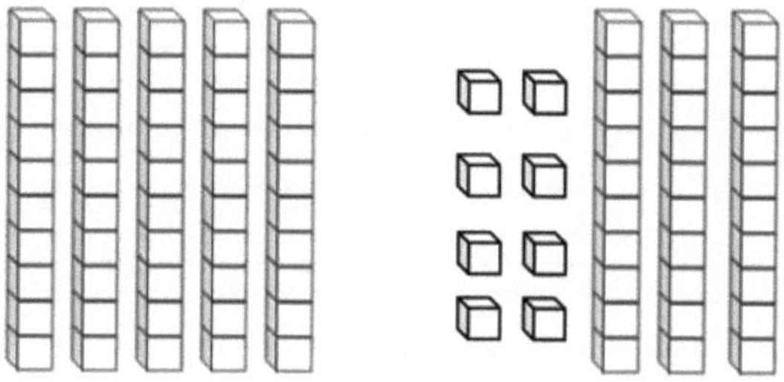

.4

_____ = _____ + _____

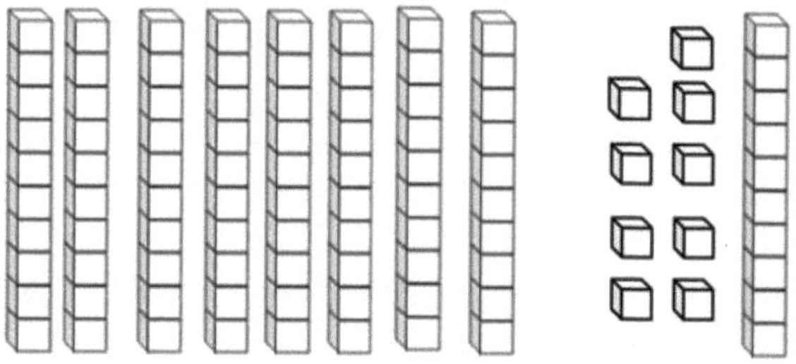

64 + 30 = 94
4 60
60 + 30 = 90
90 + 4 = 94

5. حل.

أ. ______ = 40 + 47	ب. ______ = 30 + 57
ج. ______ = 30 + 35	د. ______ = 50 + 35
هـ. ______ = 63 + 30	و. ______ = 39 + 40

6. حل واشرح طريقة تفكيرك لشريك.

أ. ______ = 50 + 2

ب. ______ = 40 + 58

ج. 98 = ______ + 48

د. 86 = ______ + 60

الاسم ____________________ التاريخ ____________

حل. استخدم رسومات العشرات والآحاد السريعة أو الروابط الرقمية.

أ. 42 + 50 = ______	ب. 30 + 57 = ______

اقرأ

تود كيانا أن تحصل على 14 ملصقًا في ملفها. وتحتاج إلى 6 ملصقات إضافية لتصل إلى هدفها. فكم عدد الملصقات التي تمتلكها حاليًا؟

ارسم

اكتب

الاسم ____________________ التاريخ ____________

1. حل.

أ. 84 + 12 = ______	ب. 71 + 26 = ______
ج. 57 + 22 = ______	د. 59 + 41 = ______
هـ. 35 + 65 = ______	و. 26 + 54 = ______
ز. 57 + 42 = ______	ح. 37 + 63 =

2. حل.

أ. 45 + 13 = ______	ب. 45 + 23 = ______
ج. 21 + 27 = ______	د. 27 + 23 = ______
هـ. 48 + 32 = ______	و. 48 + 52 = ______
ز. 34 + 65 = ______	ح. 46 + 43 = ______

الاسم _____ التاريخ _____

حل باستخدام الروابط الرقمية. يمكنك الاختيار بين الجمع أولاً على الآحاد أو العشرات. اكتب جملتين رقميتين لشرح ما تقوم به.

أ. 56 + 43 = _____	ب. 22 + 75 = _____

اقرأ

قرأ جوليو 6 كتب هذا الأسبوع. وقرأت ايمي 12 كتابًا هذا الأسبوع.

أ. فكم ينقص عدد ما قرأه جوليو من كتب عما قرأته ايمي؟

ب. وكم عدد الكتب التي قرأها كل منهما؟

ج. وكم عدد الكتب التي يحتاج جوليو لقراءتها ليصبح قرأ أكثر من ايمي بمقدار كتاب واحد؟

ارسم

اكتب

_____

_____

_____

الدرس 13 مجموعة مسائل 6•1
قصة الوحدات

الاسم ________________ التاريخ ________________

1. حل واشرح إجاباتك.

أ. 79 + 12 = ______	ب. 59 + 32 = ______
ج. 38 + 45 = ______	د. 36 + 47 = ______
هـ. 48 + 45 = ______	و. 57 + 34 = ______

الدرس 13: اجمع زوجًا من الأعداد المكونة من رقمين عندما يكون مجموع أرقام الآحاد أكبر من 10 باستخدام التحليل.

2. حل واشرح إجاباتك.

أ. 24 + 37 = ______	ب. 48 + 45 = ______
ج. 29 + 67 = ______	د. 48 + 34 = ______
هـ. 69 + 27 = ______	و. 78 + 17 = ______

الاسم _____ التاريخ _____

حل واشرح إجابتك.

أ. 49 + 37 = _____

ب. 56 + 38 = _____

الدرس 14 مسألة تطبيقية 6•1

اقرأ

يوجد 12 كرسيًا بجوار طاولة الغداء و15 طالبًا. فكم عدد الكراسي التي يحتاجون إليها ليحظى كل طالب بكرسي ليجلس عليه؟

ارسم

اكتب

6•1 الدرس 14 مجموعة مسائل
قصة الوحدات

الاسم ______________________ التاريخ ______________

1. حل واشرح إجابتك.

أ. 48 + 21 = ______

ب. 48 + 22 = ______

ج. 39 + 43 = ______

د. 48 + 34 = ______

هـ. 77 + 14 = ______

و. 67 + 27 = ______

ز. 58 + 37 = ______

ح. 68 + 29 = ______

الدرس 14: اجمع زوجًا من الأعداد المكونة من رقمين عندما يكون مجموع أرقام الآحاد أكبر من 10 باستخدام التحليل.

2. حل واشرح إجابتك.

أ. 39 + 31 = _____

ب. 58 + 23 = _____

ج. 77 + 23 = _____

د. 69 + 26 = _____

هـ. 68 + 25 = _____

و. 45 + 37 = _____

ز. 59 + 39 = _____

ح. 58 + 38 = _____

الاسم ______________________________ التاريخ ______________

حل واشرح إجاتبك.

أ. 47 + 42 = ______	ب. 78 + 22 = ______
ج. 56 + 38 = ______	

اقرأ

يوجد 20 طالبًا في الصف. وضع تسعة طلاب حقائبهم. فكم عدد الطلاب الباقين الذين بحاجة لوضع حقائبهم؟

ارسم

اكتب

_____

_____

_____

الدرس 15: اجمع زوجين من الأعداد المكونة من رقمين عندما يكون مجموع أرقام الآحاد أقل من أو يساوي 10 باستخدام الرسم. سجل الإجمالي أدناه.

الاسم _____ التاريخ _____

1. حل باستخدام رسومات العشرات والآحاد السريعة. تذكر ترتيب عشراتك مع العشرات وآحادك مع الآحاد. اكتب الإجمالي أسفل رسمك.

أ. 29 + 42 = _____

71

ب. 39 + 54 = _____

ج. 41 + 38 = _____

د. 58 + 24 = _____

هـ. 47 + 46 = _____

و. 48 + 29 = _____

2. حل باستخدم العشرات والآحاد السريعة. تذكر ترتيب عشراتك مع العشرات وآحادك مع الآحاد. اكتب الإجمالي أسفل رسمك.

أ. 49 + 22 = _____	ب. 38 + 62 = _____
ج. 59 + 23 = _____	د. 68 + 14 = _____
هـ. 46 + 36 = _____	و. 69 + 26 = _____

الدرس 15: اجمع زوجين من الأعداد المكونة من رقمين عندما يكون مجموع أرقام الآحاد أقل من أو يساوي 10 باستخدام الرسم. سجل الإجمالي أدناه.

الاسم ______________________ التاريخ ______________

حل باستخدم رسومات العشرات والآحاد السريعة. تذكر ترتيب رسوماتك واكتب الإجمالي أسفل رسمك.

أ. 49 + 34 = ______	ب. 57 + 36 = ______

اقرأ

طلب خمس عشر طالبًا البيتزا للغداء. وجلب سبع طلاب غدائهم من المنزل. فكم ينقص عدد الطلاب الذين جلبوا غدائهم من المنزل عن عدد الطلاب الذين طلبوا الغداء؟

ارسم

اكتب

الاسم ________________________ التاريخ ________________

1. حل باستخدم رسومات العشرات والآحاد السريعة. تذكر أن ترتب رسوماتك وإعادة كتابة الجملة الرقمية بشكل عامودي.

أ. 29 + 43 = ______

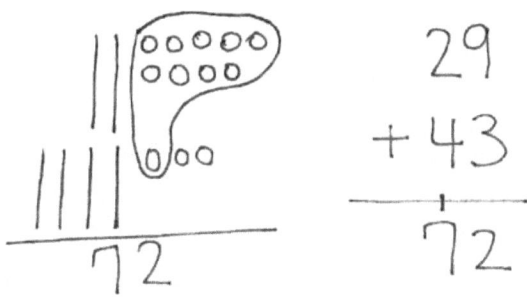

$$\begin{array}{r} 29 \\ +\,43 \\ \hline 72 \end{array}$$

ب. 34 + 49 = ______

ج. 45 + 39 = ______

د. 54 + 25 = ______

هـ. 47 + 36 = ______

و. 54 + 46 = ______

2. حل باستخدم العشرات والآحاد السريعة. تذكر أن ترتب رسوماتك وإعادة كتابة الجملة الرقمية بشكل عامودي.

أ. 39 + 24 = _____

ب. 58 + 36 = _____

ج. 55 + 37 = _____

د. 59 + 36 = _____

هـ. 37 + 58 = _____

و. 68 + 29 = _____

الاسم ______________________ التاريخ ____________

حل باستخدم العشرات والآحاد السريعة. تذكر أن ترتب رسوماتك وإعادة كتابة الجملة الرقمية بشكل عامودي.

أ. 49 + 26 = ______	ب. 58 + 37 = ______
ج. 55 + 37 = ______	د. 69 + 26 = ______

اقرأ

رأت روز 14 قردًا بحديقة الحيوان. رأت 5 قرود أقل مما رأت من الثعالب. فكم عدد الثعالب التي رأتها روز؟

ارسم

اكتب

_____

_____

_____

الاسم _____ التاريخ _____

1. حل باستخدم رسومات العشرات والآحاد السريعة. تذكر ترتيب عشراتك وآحادك وإعادة كتابة الجملة الرقمية بشكل عامودي.

أ. 39 + 52 = _____

ب. 48 + 42 = _____

ج. 47 + 42 = _____

د. 47 + 47 = _____

هـ. 68 + 17 = _____

و. 68 + 29 = _____

2. حل باستخدم رسومات العشرات والآحاد السريعة. تذكر ترتيب عشراتك وآحادك وإعادة كتابة الجملة الرقمية بشكل عامودي.

أ. 39 + 32 = _____

ب. 48 + 31 = _____

ج. 43 + 49 = _____

د. 57 + 38 = _____

هـ. 61 + 39 = _____

و. 68 + 25 = _____

الاسم ____________________ التاريخ ____________

حل باستخدم رسومات العشرات والآحاد السريعة. تذكر ترتيب عشراتك وآحادك وإعادة كتابة الجملة الرقمية بشكل عامودي.

أ. 39 + 47 = ______	ب. 58 + 32 = ______
ج. 49 + 44 = ______	د. 58 + 39 = ______

اقرأ

عد مزارع 12 أرنبًا في أقفاصهم في الصباح. وفي فترة ما بعد الظهر، عد فقط 4 أرانب في أقفاصهم. فكم عدد الأرانب المُختفية من أقفاصهم؟

ارسم

اكتب

قصة الوحدات   الدرس 18 مجموعة مسائل   1●6

الاسم _____   التاريخ _____

استخدم أي أسلوب تفضله لحل المسائل أدناه.

2. _____ = 21 + 79	1. _____ = 21 + 74
4. _____ = 34 + 58	3. _____ = 34 + 46
6. _____ = 18 + 35	5. _____ = 14 + 35

الدرس 18: اجمع زوجين من الأعداد المكونة من رقمين تحتوي على مجاميع مختلفة في الآحاد، وقارن نتائج أساليب التسجيل المختلفة.

الاسم _____ التاريخ _____

ضع دائرة حول الإجابة الصحيحة.

في الفراغ الإضافي، صحح خطأ الحل الآخر باستخدام نفس استراتيجية الحل التي حاول الطالب استخدامها.

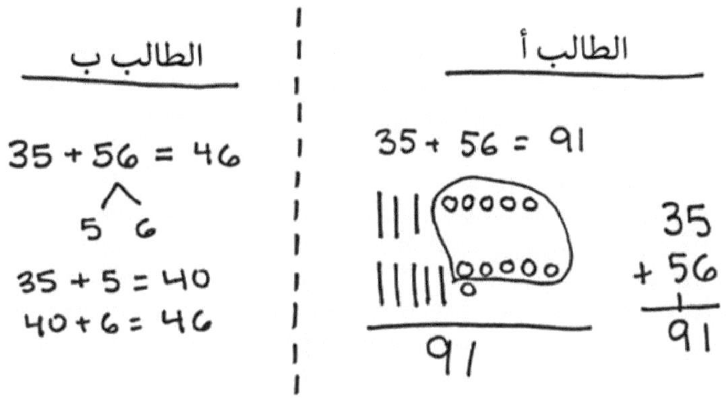

الطالب أ

$35 + 56 = 91$

$\begin{array}{r} 35 \\ + 56 \\ \hline 91 \end{array}$

الطالب ب

$35 + 56 = 46$

$\overset{\wedge}{5\ \ 6}$

$35 + 5 = 40$

$40 + 6 = 46$

قصة الوحدات الدرس 19 مسائل تطبيقية 6•1

اقرأ

كان بين يمتلك 16 بطاقة بيسبول قبل عرض البطاقات. وبعد عرض البطاقات، كان يمتلك 20 بطاقة بيسبول. فكم عدد البطاقات المضافة على مجموعة بين؟

ارسم

اكتب

الدرس 19 مجموعة مسائل 6•1
قصة الوحدات

الاسم ____________________ التاريخ ____________

استخدم الاستراتيجية التي تفضلها لحل المسائل أدناه.

.1 ______ = 21 + 43	.2 ______ = 41 + 43
.3 ______ = 38 + 62	.4 ______ = 48 + 52
.5 ______ = 14 + 75	.6 ______ = 16 + 75

الدرس 19: حل وشارك استراتيجيات لجمع أرقام مكونة من رقمين بمجاميع مختلفة.

استخدم الاستراتيجية التي تفضلها لحل المسائل أدناه.

7.
_____ = 54 + 29

8.
_____ = 54 + 27

9.
_____ = 23 + 38

10.
_____ = 36 + 58

11.
_____ = 19 + 49

12.
_____ = 69 + 28

الاسم ______________________ التاريخ ______________

استخدم الاستراتيجية التي تفضلها لحل المسائل أدناه.

أ. $38 + 24 =$ ______	b. $48 + 24 =$ ______

اقرأ

رأت تامرا 10 فهود بحديقة الحيوان. ورأت 8 نمور أكثر مما رأته من الفهود. فكم عدد النمور التي رأتها؟

ارسم

اكتب

_____

_____

_____

الاسم ________________________ التاريخ ____________

1. استخدم بنك الكلمات لتسمية العملات النقدية. وجه وظهر العملة النقدية ظاهران.

بيس
نيكل
دايمة

أ. ____________ ب. ____________ ج. ____________

2. ارسم مزيدًا من البنسات لتوضيح قيمة كل عملة نقدية.

أ.

1

ب.

1

3. لدى كيم 5 سنتات بيدها. اشطب (×) على اليد التي لا يمكن أن تكون يد كيم.

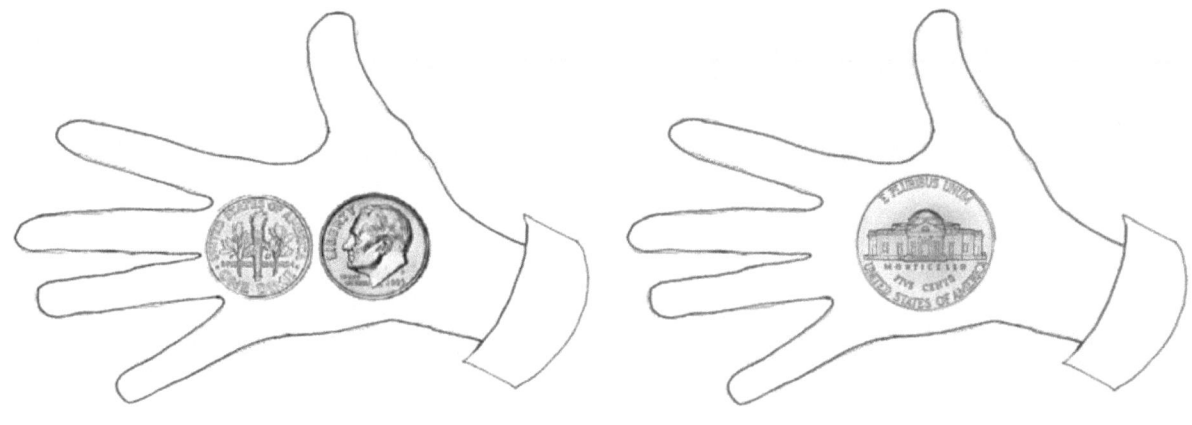

4. لدى أنطوان 10 سنتات في جيبه. وكانت إحدى عملاته المعدنية نيكلاً. ارسم عملات معدنية لتوضيح أسلوبين مختلفين للحصول على عشرة سنتات بالعملات المعدنية الموجودة في جيبه.

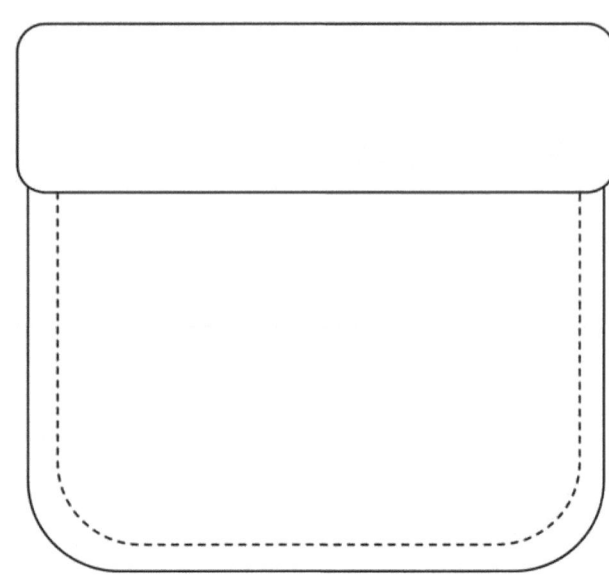

5. تقول ايمي أنها تمتلك أموالاً أكثر من كيانا. هل هي محقة؟ لما توافق، أو لما لا توافق؟

أموال إيمي

أموال كيانا

ايمي محقة/مخطئة لأن ____

____

الاسم _____ التاريخ _____

1. طابق البنسات بالعملات المعدنية بالقيمة نفسها.

أ.

ب.

2. لدى بين 10 سنتات. ولديه نيكلاً واحدًا. ارسم عملات معدنية أكثر لتوضيح ماهية العملات المعدنية التي قد تكون بحوزته.

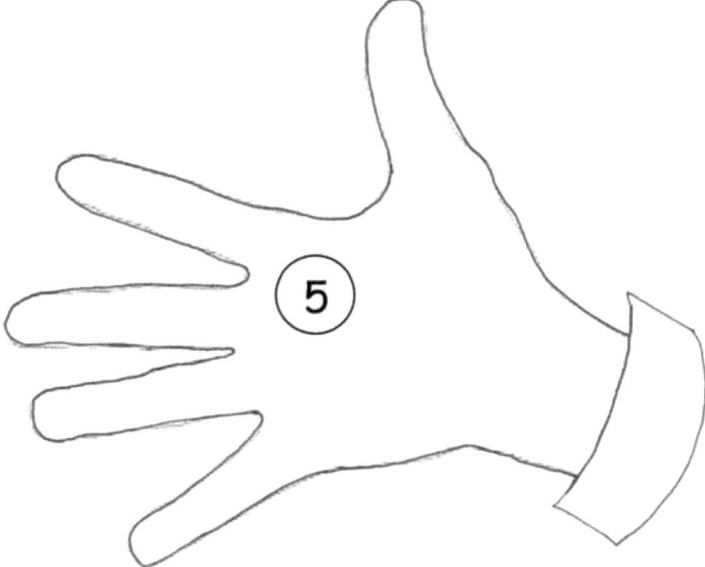

اقرأ

رأى ويلي 11 قردًا بحديقة الحيوان. ورأى 4 قرود أقل مما رأى من النمور. فكم عدد النمور التي رأها بحديقة الحيوان؟

ارسم

اكتب

الدرس 21 مجموعة مسائل

الاسم _____ التاريخ _____

1. استخدم تجميعة عملات معدنية مختلفة للحصول على 25 سنتًا.

أ.	____ بينسات
ب.	____ دايمات ____ بينسات
ج.	____ دايمات ____ نيكلات
د.	____ نيكلات ____ بينسات
هـ.	____ نيكلات
و.	____ ع بر

2. استخدم بنك الكلمات لتسمية العملات النقدية.

| بينسات | نيكلات | دايمات | أرباع الدولار |

أ. _____ ب. _____ ج. _____ د. _____

3. ارسم عملات معدنية مختلفة لتوضيح قيمة العملة المعدنية المعروضة.

4. طابق تجميعات العملات المعدنية بعملة معدنية بالقيمة نفسها.

أ.   • •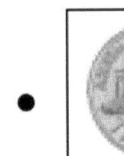

ب.  • •

ج.   • •

5•1 الدرس 21 تذكرة الخروج

الاسم _____ التاريخ _____

استخدم بنك الكلمات لكتابة أسماء العملات النقدية.

| دايمات | نيكلات | بينسات | أرباع الدولار |

أ. _____   ب. _____   ج. _____   د. _____

اقرأ

لدى بيتر 6 أقلام رصاص حمراء أكثر مما لديه من أقلام الرصاص الزرقاء. ولديه 8 أقلام رصاص زرقاء. فكم عدد ما لديه من أقلام الرصاص الحمراء؟

ارسم

اكتب

_____

_____

_____

قصة الوحدات | الدرس 22 مجموعة مسائل | 5•1

الاسم _____ التاريخ _____

1. استخدم بنك الكلمات لتسمية العملات النقدية.

| بيس | نيكل | دايمة | ربع دولار |

أ. _____ ب. _____ ج. _____ د. _____

2. طابق تجميعات العملات المعدنية بعملة معدنية من على اليمين بالقيمة نفسها.

أ.    •   •

ب.    •   •

ج.    •   •

الدرس 22: ميز عملات معدنية مختلفة بصورتها أو أسمائها أو قيمها. اجمع سنتًا واحدًا على قيمة أي عملة نقدية.

129

Copyright © Great Minds PBC

3. لدى تامرا 25 سنتًا بيدها. اشطب (×) على اليد التي لا يمكن أن تكون يد تامرا.

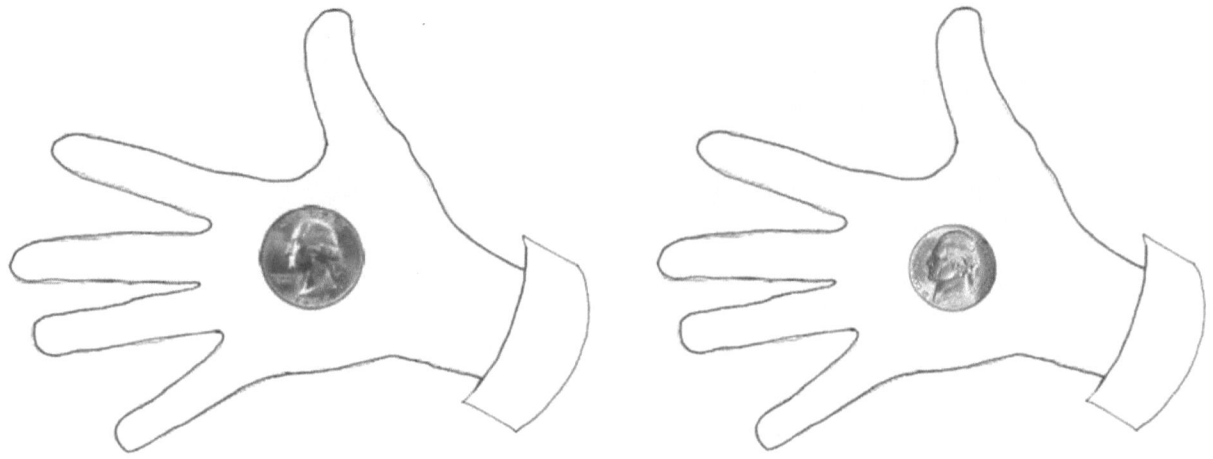

4. يعتقد بين أن لديه أموالاً أكثر من بيتر. هل هو محق؟ لما توافق، أو لما لا توافق؟

أموال بين
أموال بيتر

بين ______________ لأن ______________________________

____

5. حل. طابق كل بيان بالعملة المعدنية التي توضح قيمة الإجابة.

أ. 5 بنسات = _____ سنتات •

ب. 6 سنتات + 4 سنتات = _____ سنتات •

ج. ربع دولار واحد = _____ سنتات •

د. 6 سنتات – 5 سنتات = _____ سنتات •

الاسم _____ التاريخ _____

ارسم خطًا لمطابقة كل عملة معدنية باسمها الصحيح.

 • دايم •

• نيكل •

• بنس •

• ربع •

الدرس 23 مسألة تطبيقية

اقرأ

لدى بيتر 8 أقلام تلوين خضراء أكثر مما لديه من أقلام التلوين الصفراء. ولدى بيتر 10 أقلام تلوين خضراء. فكم لدى بيتر من أقلام التلوين الصفراء؟

ارسم

اكتب

الاسم _____ التاريخ _____

1. اجمع البنسات لتوضيح المبلغ المكتوب.

أ. 8 سنت	
ب. 30 سنت	
ج. 10 سنت	
د. 18 سنت	

2. اكتب قيمة كل مجموعة من العملات المعدنية.

أ.

_____ سنتات

ب.

_____ سنتات

ج.

_____ سنتات

د.

_____ سنتات

هـ.

_____ سنتات

الاسم _____ التاريخ _____

اجمع البنسات لتوضيح المبلغ المكتوب.

أ.	9 سنت	
ب.	29 سنت	

اقرأ

يوجد 8 بيضات في الكرتونة. سعة احتواء كل كرتونة 12 بيضة.

فكم تحتاج الكرتونة من بيضات أكثر لتصبح معبئة بالكامل؟

ارسم

اكتب

_____

_____

_____

الاسم ______________________ التاريخ ______________

1. أوجد قيمة كل مجموعة من العملات المعدنية. أكمل مخطط القيمة المكانية للمطابقة. اكتب جملة جمع لجمع قيمة الدايمات وقيمة البنسات.

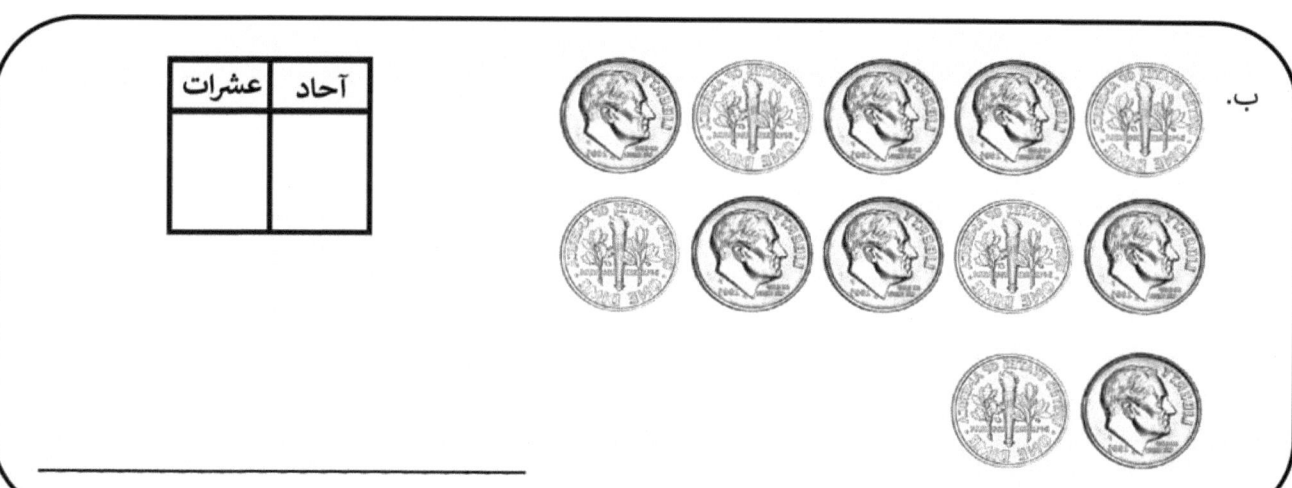

أ.

عشرات	آحاد

____

ب.

عشرات	آحاد

____

ج.

عشرات	آحاد

____

2. ضع علامة على المجموعة التي توضح المبلغ الصحيح.

أ. 80 سنتًا

آحاد	عشرات

أكمل مخطط القيمة المكانية للمطابقة.

ب. 100 سنت

آحاد	عشرات

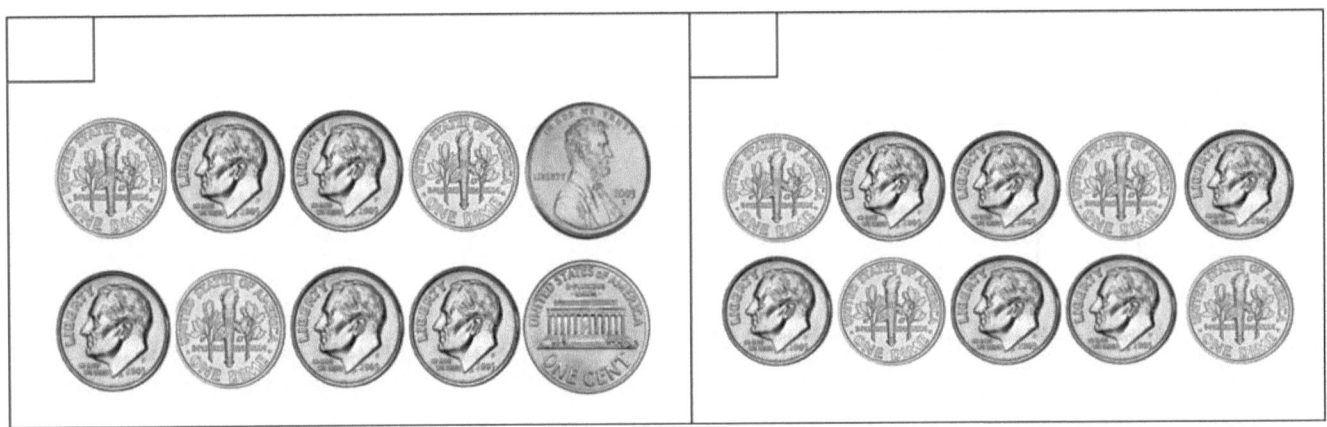

3. ارسم 58 سنتًا باستخدام الدايمات والبنسات. أكمل مخطط القيمة المكانية للمطابقة.

آحاد	عشرات

1•5 الدرس 24 تذكرة الخروج

الاسم _____ التاريخ _____

أوجد قيمة مجموعة العملات المعدنية. أكمل مخطط القيمة المكانية للمطابقة.
اكتب جملة جمع لجمع قيمة الدايمات وقيمة البنسات.

عشرات	آحاد

_____

الاسم _____ التاريخ _____

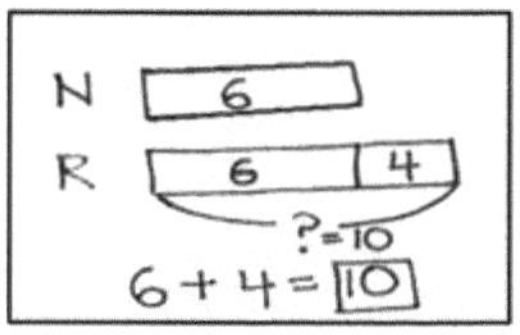

اقرأ المسألة الكلامية.
ارسم مخططًا شريطيًا أو مخططًا شريطيًا مزدوجًا وسمِّه.
اكتب الجملة الرقمية والبيان التي تطابق القصة.

نموذج مخطط شريطي

```
N [  6  ]
R [  6  | 4 ]
      ?=10
   6 + 4 = [10]
```

1. كتبت كيانا 3 قصائد. وكتبت 7 قصائد أقل مما كتبته شقيقتها ايمي. فكم عدد القصائد التي كتبتها ايمي؟

2. استخدمت ماريا 14 خرزة لصنع سوار. واستخدمت ماريا 4 خرزات أكثر مما استخدمته كيم. فكم عدد الخرزات التي استخدمتها كيم لصنع سوارها؟

3. رسم بيتر 19 سفينة فضائية. ورسمت روز 5 سفن فضاء أقل مما رسمه بيتر. فكم سفينة فضائية رسمتها روز؟

4. شاهد بين 9 أفلام خلال فترة الصيف. وشاهد لي 4 أفلام أكثر مما شاهده بين. فكم عدد الأفلام التي شاهدها لي؟

5. عبأت عائلة أنطون 10 حقائب لقضاء عطلة. وعبأت عائلة أنطوان 3 حقائب أكثر مما عبأته عائلة فاطمة. فكم عدد الحقائب التي عبأتها عائلة فاطمة؟

6. رسم ويلي 9 صور أقل مما رسمه جوليو. ورسم جوليو 16 صورة. فكم صورة رسمها ويلي؟

الاسم _____ التاريخ _____

نموذج مخطط شريطي

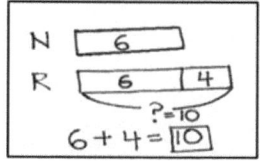

اقرأ المسألة اللفظية.
ارسم مخططًا شريطيًا أو مخططًا شريطيًا مزدوجًا وسمِّه.
اكتب الجملة الرقمية والبيان التي تطابق القصة.

رش ويلي سبع برك بعد العاصفة المطيرة أكثر مما رشه جوليو. رش ويلي 11 بركة. فكم عدد البرك التي رشها جوليو بعد العاصفة المطيرة؟

الاسم ____________________________ التاريخ ________________

اقرأ المسألة اللفظية.
ارسم مخططًا شريطيًا أو مخططًا شريطيًا مزدوجًا وسمِّه.
اكتب الجملة الرقمية والبيان التي تطابق القصة.

نموذج مخطط شريطي

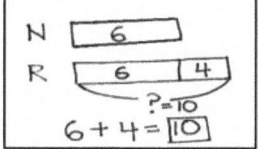

1. يقرأ توني كتابًا يحتوي على 16 صفحة. وتقرأ ماريا كتابًا يحتوي على 10 صفحات. فكم يزيد عدد صفحات كتاب توني عن كتاب ماريا؟

---

2. بنت شانيكا برجًا من المكعبات باستخدام 14 مكعبًا. وبنت تامرا برجًا باستخدام 5 مكعبات أكثر مما استخدمته شانيكا. فكم عدد المكعبات التي استخدمتها تامرا في بناء برجها؟

---

3. سار دارنيل 10 دقائق للوصول لمنزل كيانا. في اليوم التالي، اتخذت كيانا طريقًا مختصرًا وسارت إلى منزل دارنيل في 8 دقائق. فكم قصر وقت سير كيانا؟

4. قرأ لي 16 صفحة في كتاب. وقرأت كيم 4 صفحات في كتابها أقل مما قرأه لي. كم عدد الصفحات التي قرأتها كيم.

5. يضم فريق نيكيل لكرة القدم 13 لاعبًا. لدى فريق نيكيل 4 لاعبين أقل مما لدى فريق روز. فكم لاعبًا في فريق روز؟

6. بعد العشاء، غسل دارنيل 15 ملعقة. وغسل 9 ملاعق أكثر من الشوكات. فكم شوكة غسلها دارنيل؟

الاسم _____ التاريخ _____

اقرأ المسألة اللفظية.

ارسم مخططًا شريطيًا أو مخططًا شريطيًا مزدوجًا وسمِّه.

اكتب الجملة الرقمية والبيان التي تطابق القصة.

نموذج مخطط شريطي

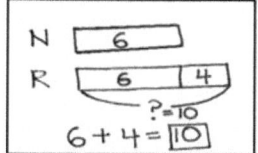

قفزت ماريا من لوح الغوص إلى المسبح 3 مرات أقل مما قفزته ايمي. قفزت ماريا من لوح الغوص 14 مرة. فكم مرة قفزت ايمي من لوح الغوص؟

الاسم ______________________________ التاريخ ______________

نموذج مخطط شريطي

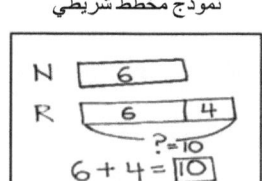

اقرأ المسألة اللفظية.
ارسم مخططًا شريطيًا أو مخططًا شريطيًا مزدوجًا وسمِه.
اكتب الجملة الرقمية والبيان التي تطابق القصة.

1. وصلت تسع خطابات إلى البريد في يوم الاثنين.
ووصل مزيدًا من الخطابات في يوم الثلاثاء. ثم، كان هناك 13 خطابًا.
فكم خطابًا وصلوا يوم الثلاثاء؟

---

2. وجد بين وتامرا ما مجموعه 18 بذرة في شرائح البطيخ. ووجد بين 7 بذور في شريحته. فكم بذرة وجدتها تامرا؟

---

3. كان بعض الأطفال يلعبون بالملعب. وجاء 8 أطفال للانضمام إليهم، ويوجد الآن 14 طفلاً. فكم عدد الأطفال بالملعب من البداية؟

4. سار ويلي 7 دقائق. وسار بيتر 14 دقيقة. فكم قصر وقت سير ويلي؟

5. رأت ايمي 12 نملة يمشون في صف. ورأى فران 6 نملات أكثر مما رأته ايمي. فكم نملة رأها فران.

6. لدى شانيكا 13 سنتًا في جيبها الأمامي. ولديها 8 سنتات أقل في جيبها الخلفي. فكم سنتًا لدى شانيكا في جيبها الخلفي؟

الاسم _____   التاريخ _____

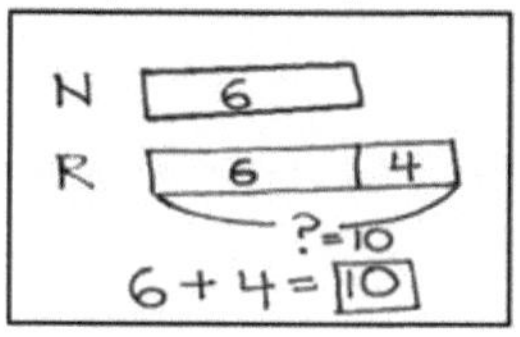

اقرأ المسألة اللفظية.
ارسم مخططًا شريطيًا أو مخططًا شريطيًا مزدوجًا وسمِّه.
اكتب الجملة الرقمية والبيان الذي تطابق القصة.

نموذج مخطط شريطي

N [6]
R [6 | 4]
?=10
6 + 4 = 10

جربت ايمي 8 أزياء أقل مما جربه نيكيل. وجربت ايمي 4 أزياء. فكم زيًا جربه نيكيل؟

اقرأ

حل داريل اليوم 30 مسألة بالجانب ب من تمرين سرعته على عد النقاط. وكان فخورًا لأنه حل اليوم 20 مسألة أكثر مما حله في اليوم الأول من المدرسة. فكم مسألة حلها في اليوم الأول من المدرسة؟

ارسم

EUREKA MATH

اكتب

قصة الوحدات — الدرس 28 مجموعة مسائل — 1•6

الاسم _____ التاريخ _____

1. ضع دائرة حول الوجه المبتسم الذي يوضح مستوى إتقانك لكل نشاط.

النشاط	ما زلت بحاجة إلى بعض التدريب.	يمكنني إكماله، لكن لا يزال لدي بعض الأسئلة.	أنا متقن.
أ.			
ب.			
ج.			
د.			
هـ.			
و.			

2. ما النشاط الذي ساعدك أكثر على إتقان حقائقك للحصول على العدد 10؟

اقرأ

في أكتوبر، كانت أفضل نتيجة لتامرا في شرطة الرابطة الرقمية هي 15 مسألة. واليوم، حلت مسائل صحيحة أكثر بمقدار 10 مسائل. فكم كانت نتيجة تامرا اليوم؟

ارسم

اكتب

الدرس 30 حزمة الصيف 6•1
قصة الوحدات

الاسم ________________ التاريخ ____________

أكمل نشاط الرياضيات يوميًا. لون المربع لكل يوم تُجري فيه النشاط المقترح.

مراجعة الرياضيات الصيفية: الأسابيع 1-5

	الإثنين	الثلاثاء	الأربعاء	الخميس	الجمعة
الأسبوع 1	عد تصاعديًا من 87 إلى 120 ثم تنازليًا.	العب الجمع بالبطاقات.	استخدم قطع التانغرام (الأحجية) لصنع صورة الرابع من يوليو.	استخدم العشرات والآحاد السريعة لرسم العدد 76.	أكمل تمرين سرعة.
الأسبوع 2	مارس عد تمرين القرفصاء. عد تصاعديًا من 45 إلى 60 ثم تنازليًا بأسلوب العد بالعشرات.	العب الطرح بالبطاقات.	اصنع رسمًا بيانيًا لأنواع الفاكهة في مطبخك. ماذا اكتشفت من رسمك البياني؟	حل 36 + 57. ارسم صورة لتوضيح فكرتك.	أكمل تمرين سرعة.
الأسبوع 3	اكتب الأرقام من 37 تصاعديًا لأقصى ما يمكنك الوصول إليه في دقيقة واحدة، بينما تعد همسًا بأسلوب العد بالعشرات.	العب التدريبات المستهدفة أو هز هذه الأقراص للحصول على الرقمين 9 و10.	قس الطاولة بالملاعق ومن ثم بالشوكات. ما الذي كنت بحاجة إلى المزيد منه؟ لماذا؟	استخدم عملات معدنية حقيقية أو ارسم عملات معدنية لتوضيح العديد من الطرق للحصول على 25 سنتًا قدر ما تستطيع.	أكمل تمرين سرعة.
الأسبوع 4	مارس القفز الجانبي أثناء عدك تصاعديًا بالعشرات إلى العدد 120 ومن ثم تنازليًا إلى 0.	العب سابق ودحرج جمعًا أو اجمع بالبطاقات.	اذهب إلى شكل مطاردة الكنز. أوجد أكبر عدد ممكن من المستطيلات أو المنشورات المستطيلة.	استخدم العشرات والآحاد السريعة لرسم العددين 45 و54. ضع دائرة حول الرقم الأكبر.	أكمل تمرين سرعة.
الأسبوع 5	اكتب الأرقام من 75 إلى 120.	العب سابق ودحرج طرحًا أو اطرح بالبطاقات.	قس المسار من حمامك إلى غرفة نومك. امش وكعب رجلك ملصقًا بأخمص قدمك الأخرى، وعد خطواتك.	اجمع 5 عشرات على 23. اجمع 2. فما العدد الذي حصلت عليه؟	أكمل تمرين سرعة.

163 الدرس 30: أنشئ أغلفة مجلدات لإجابتك لنقلها إلى المنزل لتوضيح ما تعلمته خلال العام الدراسي.

الاسم ________________________ التاريخ ____________

أكمل نشاط الرياضيات يوميًا. لون المربع لكل يوم تُجري فيه النشاط المقترح.

مراجعة الرياضيات الصيفية: الأسابيع 10-6

	الإثنين	الثلاثاء	الأربعاء	الخميس	الجمعة
الأسبوع 6	عد بالآحاد من 112 إلى 82. ثم عد من 82 إلى 112.	العب الجزء المفقود للحصول على 7.	اكتب مسألة قصصية للحصول على 9 + 4.	حل 64 + 38. ارسم صورة لتوضيح فكرتك.	أكمل مجموعة تدريبات على الإتقان الأساسي.
الأسبوع 7	مارس عد تمرين القرفصاء. عد تنازليًا من 99 إلى 75 ثم تصاعديًا بأسلوب العد بالعشرات.	العب سابق ودحرج جمعًا أو اجمع بالبطاقات.	ارسم بيانيًا ألوان كل سراويلك. ماذا اكتشفت من رسمك البياني؟	ارسم 14 سنتًا باستخدام الدايمات والبنسات. ارسم 10 سنتات إضافية. كم عدد العملات المعدنية التي استخدمتها؟	أكمل مجموعة تدريبات على الإتقان الأساسي.
الأسبوع 8	اكتب الأعداد من 116 تنازليًا لأقصى ما يمكنك الوصول إليه في دقيقة واحدة.	العب الجزء المفقود للحصول على 8.	اكتب مسألة قصصية للحصول على 7 + _____ = 12.	استخدم العشرات والآحاد السريعة لرسم العدد 76. ارسم دايمات وبنسات لتمثيل 59 سنتًا.	أكمل مجموعة تدريبات على الإتقان الأساسي.
الأسبوع 9	مارس القفز الجانبي أثناء عدك تصاعديًا بالعشرات من 9 إلى 119 ومن ثم تنازليًا إلى 9.	العب سابق ودحرج طرحًا أو اطرح بالبطاقات.	اذهب إلى شكل مطاردة الكنز. أوجد أكبر عدد ممكن من الدوائر أو الأشكال الكروية.	استخدم العشرات والآحاد السريعة لرسم العددين 89 و84. ضع دائرة حول العدد الأقل.	أكمل مجموعة تدريبات على الإتقان الأساسي.
الأسبوع 10	اكتب الأرقام من 82 تصاعديًا لأقصى ما يمكنك الوصول إليه في دقيقة واحدة، بينما تعد همسًا بأسلوب العد بالعشرات.	العب التدريبات المستهدفة أو هز هذه الأقراص للحصول على الرقمين 6 و7.	قس الخطوات من غرفة نومك إلى المطبخ، بالمشي وكعب رجلك ملصقًا بأخمص قدمك الأخرى، ومن ثم اطلب من أحد أفراد العائلة القيام بالمثل. قارن.	حل 47 +24. ارسم صورة لتوضيح فكرتك.	أكمل مجموعة تدريبات على الإتقان الأساسي.

اجمع (أو اطرح) بالبطاقات.

المواد: مجموعتان من بطاقات الأرقام 0-10

- اخلط البطاقات وضعها مقلوبة بين اللاعبين.
- يقلب كل شريك بطاقتين ويجمعهما معًا أو يطرح الرقم الأصغر من الرقم الأكبر.
- يحتفظ الشريك ذو المجموع الأكبر أو الفرق الأصغر بالبطاقات التي لعبها كلا اللاعبين في تلك الجولة.
- إذا كانت المجاميع أو الفروق متساوية، توضع البطاقات جانبًا، ويحتفظ الفائز في الجولة التالية على بطاقات كلا الجولتين.
- عندما تستخدم جميع البطاقات، يفوز اللاعب الذي يمتلك أكبر عدد من البطاقات.

تمرين السرعة

المواد: تمرين السرعة (الجانبان أ و ب)

- حل أكبر عدد ممكن من المسائل في الجانب أ في دقيقة واحدة. وبعد ذلك، حاول معرفة ما إذا كان بإمكانك تحسين نتيجتك عن طريق الإجابة على المزيد من المسائل في الجانب ب في دقيقة واحدة.

تدريبات مستهدفة

المواد: نرد واحد

- اختر عددًا مستهدفًا للتدريبات (مثل: 10).
- دحرج النرد، واذكر الرقم الآخر المطلوب للوصول إلى الهدف. على سبيل المثال: إذا تدحرج النرد وكانت النتيجة 6، فاذكر العدد 4، لأن 6 + 4 يساويان عشرة.

هز هذه الأقراص

المواد: بنسات

يعتمد مبلغ البنسات المطلوبة على العدد الذي تدرب عليه. على سبيل المثال: إذا كان الطلاب يتدربون على مجاميع للحصول على العدد 10، فسيحتاجون إلى 10 بنسات.

- هز بنساتك، وارمهم على الطاولة.
- قل جملتين جمع تجمعان الأوجه والأظهر معًا. (على سبيل المثال: إذا رأوا 7 أوجه و3 أظهر، سيذكرون 7 + 3 = 10 و 3 + 7 = 10).
- التحدي: اذكر أربع جمل جمع بدلاً من جملتين. (على سبيل المثال: 10 = 7 + 3 و10 = 3 + 7 و 7 + 3 = 10 و 3 + 7 = 10).

سابق ودحرج جمع (أو طرح)

المواد: نرد واحد

الجمع

- يبدأ كلا اللاعبين من العدد 0.
- يدحرج كلاهما النرد ويذكران جملة رقمية تجمع الرقم الذي ظهر على النرد المدحرج إلى إجماليهما. (على سبيل المثال: إذا كانت الدحرجة الأولى للاعب هي 5، يذكر اللاعب 0 + 5 = 5).
- يستمران في دحرجة النرد بسرعة ويذكران جملاً رقمية حتى يصل أحدهما إلى العدد 20 دون تجاوزه. (على سبيل المثال: إذا كان اللاعب قد وصل للعدد 18 ودحرج النرد وحصل على 5، فسيستمر اللاعب في دحرجة النرد حتى يحصل على العدد 2).
- أول لاعب يصل إلى العدد 20 يفوز.

الطرح

- يبدأ كلا اللاعبين من العدد 20.
- يدحرج كلاهما النرد ويذكران جملة رقمية تطرح الرقم الذي ظهر على النرد المدحرج من إجماليهما. (على سبيل المثال: إذا كانت الدحرجة الأولى للاعب هي 5، يذكر اللاعب 20 - 5 = 15).
- يستمران في دحرجة النرد بسرعة ويذكران جملاً رقمية حتى يصل أحدهما إلى العدد 0 دون تجاوزه. (على سبيل المثال: إذا كان اللاعب قد وصل للعدد 5 ودحرج النرد وحصل على 6، فسيستمر اللاعب في دحرجة النرد حتى يحصل على العدد 5).
- أول لاعب يصل إلى العدد 0 يفوز.

وحدات دراسية

بذلت شركة Great Minds® قصارى جهدها للحصول على إذن لإعادة طباعة جميع المواد المحمية بحقوق الطبع والنشر.
إذا لم يتم التعرف على أي مالك للمواد المحمية بحقوق الطبع والنشر هنا ، يرجى الاتصال بـ Great Minds للحصول على الإقرار المناسب في جميع الإصدارات المستقبلية وإعادة طبع هذه الوحدة.